AI for Science
人工智能驱动科学创新

杜雨　王谟松　张孜铭　著

电子工业出版社
Publishing House of Electronics Industry
北京·BEIJING

内容简介

人工智能驱动科学创新（AI for Science）带来的产业变革与每个人息息相关。本书聚焦于人工智能与材料科学、生命科学、电子科学、能源科学、环境科学五大领域的交叉融合，通过深入浅出的语言，对基本概念、技术原理和应用场景进行了全面的介绍，让读者可以快速掌握 AI for Science 的基础知识。此外，对于每个交叉领域，本书通过案例进行了详尽的介绍，梳理了产业地图，并给出了相关政策启示。

本书适合所有关注人工智能技术和产业发展的读者阅读，特别适合材料科学、生命科学、电子科学、能源科学、环境科学等领域的政府工作人员、科研人员、创业者、投资者等参考。

未经许可，不得以任何方式复制或抄袭本书之部分或全部内容。
版权所有，侵权必究。

图书在版编目（CIP）数据

人工智能驱动科学创新 = AI for Science / 杜雨，王谟松，张孜铭著. -- 北京：电子工业出版社，2024.7. -- ISBN 978-7-121-48397-4
Ⅰ. G301
中国国家版本馆 CIP 数据核字第 2024LJ1022 号

责任编辑：潘　昕
印　　刷：河北迅捷佳彩印刷有限公司
装　　订：河北迅捷佳彩印刷有限公司
出版发行：电子工业出版社
　　　　　北京市海淀区万寿路 173 信箱　　　邮编：100036
开　　本：880×1230　1/32　　印张：7.875　　字数：183 千字
版　　次：2024 年 7 月第 1 版
印　　次：2025 年 3 月第 3 次印刷
定　　价：79.00 元

凡所购买电子工业出版社图书有缺损问题，请向购买书店调换。若书店售缺，请与本社发行部联系，联系及邮购电话：（010）88254888，88258888。
质量投诉请发邮件至 zlts@phei.com.cn，盗版侵权举报请发邮件至 dbqq@phei.com.cn。
本书咨询联系方式：panxin@phei.com.cn。

业界评价

AI for Science 就是通过 AI 学习宇宙运行的基本科学原理，帮助科学家更好地做出科学发现，并将其应用到工业实践中。这本书可以帮助更多的人领略 AI for Science 的独特魅力。

深势科技创始人兼 CEO　孙伟杰

纵观人类历史，尽管科学技术的发展通常是渐进式的，但也会在短时间内迎来重大进展与爆发，这很大程度上源于科研范式的变革。从预测蛋白质结构，到推测基因突变的致病性，AI 引领的新范式已经让我们看到包括生命科学在内的各个科学领域的新机遇。站在人类发展的关键节点，希望这本书能吸引更多有志青年投身 AI for Science 的浪潮中。我们的征途是星辰大海，让我们与 AI 一起创造更美好的未来。

华大生命科学研究院群体基因组学领域首席科学家　金鑫

这本书以积极的跨学科、跨领域协作为主基调，探讨了人工智能技术在推动科学创新和产业转化方面的关键作用。相信在不远的未来，AI for Science 将成为促进数字经济繁荣和健康发展最坚实的底层驱动力。

新加坡亚洲数字科学研究院院长　陈柏珲

作为 AI 制药领域的探索者，很高兴看到这样一本用通俗易懂的方式向大众普及人工智能在生命科学等领域的应用与价值的书。这本书值得好好阅读。

AI 制药公司德睿智药创始人兼 CEO　牛张明

科学生产力的进步离不开底层科研范式的创新，AI for Science 无疑将成为科研领域的新范式。这本书用清晰的语言描绘了这一新时代科研范式的崭新面貌。

清华大学交叉信息研究院副教授　徐葳

这是中文世界第一本探讨人工智能和科学的互动关系及前景的专著，值得阅读。现在，人类正加速进入这样的时期：人工智能愈加剧烈地改变科学与技术的生态，影响着包括数学、物理、化学、宇宙学和生化科学在内的基础科学。从天体物理到量子科学和应用技术，从人类基因组研究到疫苗开发，都需要人工智能的支撑，所有的应用技术领域，都需要以人工智能作为新基础结构的核心。人工智能已经成为 21 世纪大科学系统的一部分，科技竞争已经演变为人工智能和科技一体化程度的竞争——这是不可逆转的大趋势。希望包括科学家、工程师和企业管理者在内的读者都能从这本书中得到启发。

经济学家
横琴粤澳深度合作区数链数字金融研究院学术与技术委员会主席
朱嘉明

人工智能是我们这个时代最伟大的科技创新之一，人工智能的突破性进展也为元宇宙的发展提供了关键的技术支撑。"AI+"正在推动各行业转型升级。有趣的是，"AI+Science"已经成为科研创新的"第五范式"并展现出巨大的潜力。这本书全面地阐述和描绘了科研创新的"第五范式"，能够帮助各界读者拓宽视野、获得灵感并打开认知格局。

原中央网信办信息化发展局巡视员兼副局长
中国电子商会元宇宙专委会常务副理事长
董宝青

这本书非常及时且富有洞见地探讨了人工智能在科学中的应用。作为"AI+材料科技"领域的科研人员和创始者，我认为这本书的作者提供的宝贵视角和深刻见解，将有助于推动 AI for Science 行业的发展。

北京航空航天大学化学与环境学院教授
深云智合创始人兼董事长
刘宇宙

人工智能技术和科学创新方法的交汇点就是通向科研新时代的大门。对于渴望掌握人工智能在科学领域创新中的变革力量的人来说，这是一本难得的好书。

维也纳大学量子物理博士　李志峰

作为一名长期在高校从事科研工作的教师，我认为这本书的出版正当其时。书中阐述了人工智能的底层逻辑，以及人工智能在推动科学发展方面的巨大潜力。尤其是这本书尝试总结和展望人工智能在五大前沿科学领域的应用，这具有很大的指导意义。作者不仅阐述了人工智能带来的挑战，也提出了新的思考。总之，这是一本对科学研究者和学生都具有价值的作品。

香港科技大学电子与计算机工程系讲座教授

香港青年科学院创院院士

美国光学会会士，英国皇家化学会会士，IEEE 高级会员

香港科大先进显示与光电子技术国家重点实验室共同主任

香港科大智能传感器中心创始主任

范智勇

如果你对"人工智能如何改变科学研究"这一话题感兴趣，那么这本书是你不能错过的选择。通过书中各科学领域的应用案例，你将深入了解人工智能是怎样为科学问题的解决提供新思路和新方法的。

新加坡科技研究局实验室主任　陈正华

这本书不仅详尽地探讨了 AI 在材料、生物医药、电子等科学领域的应用，更为我们展现了未来科技发展的蓝图。作为一名深耕 AI for Science 领域的创业者，我对这本书给予高度评价：这是一本集知识性和前瞻性于一体的佳作。

鸿之微创始人兼董事长　曹荣根

AI for Science 是发展前景无限美好但难度非常高的领域。作者在本书中对以往的人工智能技术和现在的大模型、生成式人工智能技术对科技发展的影响做了很好的分析和总结。

光速光合创始合伙人　宓群

这本书系统地介绍了人工智能技术在科学研究和产业落地中的重要作用。对智能制造领域的从业者来说，书中的很多内容都能带来启发与思考。

玻尔智造创始人兼 CEO　陈志忠

这本书全面解析了人工智能对科学创新与产业实践的双重驱动作用，是一本带领读者理解未来科技生态的不可或缺之作。

珈和科技创始人兼 CEO　冷伟

AI for Science 是近年来的研究热点。本书围绕这一主题展开阐述，以生动的语言为读者呈现了一场精彩纷呈的科技边界探索之旅。

浙江大学计算机辅助设计与图形系统全国重点实验室教授　金小刚

虽然本书的落脚点在人工智能技术对科学研究的影响上，但并未止于科学研究，还包括从科研到产业的转化及对相关支持政策的思考。这种综合性的视角为我们提供了一个全面的观察窗口，让我们有机会审视科技创新的全过程。

新加坡管理大学计算与信息系统学院副院长　朱飞达

通过阅读本书，读者可以了解人工智能是怎样帮助科学家更高效地开展工作的。同时，本书对 AI for Science 的未来发展趋势和面临的挑战进行了深入探讨。相信每个人都可以通过本书获得很多关于未来科学研究的见解。

中国科学技术大学数据空间研究中心特任副研究员　周鹏远

在人工智能技术迅速发展的当下，这本书为我们展现了人工智能是如何在各大科学领域帮助企业家和研究者进行战略思考并引领他们走向创新之路的。

碳硅智慧创始人兼 CEO　邓亚峰

在这个人工智能高速发展的时代，本书为我们提供了深刻的见解，揭示了人工智能是如何在不同的科学领域驱动创新，进而实现人机环境系统智能的。这对下一代人工智能领域的人才培养具有重大的指导意义。

北京邮电大学人工智能学院人机交互与认知工程实验室主任　刘伟

对于想要了解"人工智能如何改变科学研究"的人来说，这是一本不可多得的好书。作者细致入微地介绍了人工智能技术为各科学领域提供的支持并给出了实际案例，为读者揭示了科学创新的新图景。

韩国庆熙大学助理教授　张超宁

作者简介

杜雨

中国社会科学院技术经济学博士，北京大学、香港中文大学双硕士，武汉大学学士，中国医科大学药学进修。

参与多项国家社科基金重大项目、国家自然科学基金项目及国家发改委、中国科学技术协会、中国工程院等委托项目。担任国家工业信息安全发展研究中心牵头的团体标准《生成式人工智能数据应用合规指南》的起草人。G20青年企业家联盟中国理事会青年委员，中国青年科技产业创新基地青年导师。先后工作于腾讯、红杉资本科技投资团队。创立未可知®集团，并在"人工智能+X"方向孵化了教育、医疗、心理、艺术等领域的初创企业。胡润U30中国创业先锋。畅销书《AIGC：智能创作时代》作者。

王谟松

复旦大学材料系物理电子学方向硕士，武汉大学机械专业本科。

作为科技投资人，专注于半导体、新能源及相关新材料、高端装备等前沿科技领域的投资机会，并关注人工智能与这些领域研发创新的结合，投资项目包括御风未来、微纳核芯、铭剑电子、喆塔科技、清能互联、烽台科技等。

张孜铭

北京大学管理学硕士，新加坡国立大学金融工程硕士，华中师范大学信息管理与信息系统、华中科技大学计算机科学与技术双学士。

未可知®集团联合创始人兼首席运营官，科技加速器 Quadratic Acceleration Quantum（QAQ）合伙人，元宇宙教育实验室智库专家。担任国家工业信息安全发展研究中心牵头的团体标准《生成式人工智能数据应用合规指南》的起草人。著有畅销书《AIGC：智能创作时代》《Web 3.0：赋能数字经济新时代》等。

前　　言

在古希腊神话中，工匠之神赫菲斯托斯曾打造出拥有人类意识与智能的黄金机器人，这可以被视为人工智能（AI）最早的思想起源之一。此后，人工智能的影子便无数次出现在人们对未来的幻想之中，但也仅停留在幻想之中——幻想与现实之间的鸿沟，需要科学的力量来填补。20 世纪中叶，人工智能真正作为一个学科被创立。科学用逻辑、计算、数学、编码，将人们千百年来的幻想塑造成现实。科学孕育了人工智能，让它进入极速发展时代，走入千家万户，成为我们生活的一部分。

然而，人工智能的潜力不止于此。人工智能脱胎于科学，又反哺科学，已经成为驱动科学创新的底层力量。从解析蛋白质的 AlphaFold，到实现分子模拟的深度势能方法，人工智能技术正在深度参与人类对自然规则的求索历程且熠熠生辉，一种全新的科学创新范式——人工智能驱动科学创新（AI for Science）随之诞生。

本书将为读者徐徐展开 AI for Science 的美丽图景，与大家一起去了解：人工智能究竟帮科学家做了什么？人工智能将如何改变我们所生活的世界？

本书共分为 8 章。第 1 章介绍了作为全新的科学创新范式的 AI for Science 的具体含义、底层逻辑，以及大力发展 AI for Science 的原因。第 2 章从科学研究底层的理论模式与主要困境，以及人工智能三要素（数据、算法、算力）出发，对 AI for Science 的技术支撑进行解读。第 3 章介绍了在材料基因组工程的推动下，人工智能如何与材料科学结合，加快传统材料和新型材料的开发过程。第 4 章介绍了人工智能在加快药物研发、辅助基因研究方面及在合成生物学中的普遍应用。第 5 章介绍了人工智能如何在提高芯片设计的自动化水平、优化半导体制造和封测的工艺和水平、寻找新一代半导体材料等方面提供帮助。第 6 章介绍了人工智能在化石能源科学研究、可再生能源科学研究、能源转型三个方面的落地应用。第 7 章从环境监测、污染治理、碳减排三个方面介绍了人工智能为环境科学引入的新价值和新机遇。第 8 章探讨了 AI for Science 在快速发展过程中面临的机遇和挑战，并对"平台科研"模式进行了展望。

由于 AI for Science 与我们每个人息息相关，所以本书适合各界读者阅读，特别是关注该领域的政府工作人员、科研人员、创业者、投资人、科技从业者，以及对人工智能感兴趣的读者。为了尽可能满足读者的需求，本书作者努力尝试在通俗易懂和专业严谨之间寻找一个平衡点，如果读者朋友有更专业的见解，欢迎与我们做进一步的交流和探讨。此外，尽管作者在写作过程中查阅了大量文献资料，但仍可能有错漏之处，欢迎读者指正。

杜雨、王谟松、张孜铭负责全书统筹与撰写。对本书内容做出贡献的编写者包括：任怪、戴沁言参与第 2 章、第 8 章的资料搜集及部分内容的编写；吴开源参与编写第 4 章；程蕴可参与编写第 5 章；彭靖峰参与编写第 6 章；江雯参与编写第 7 章。

在本书的写作过程中，感谢未可知® 大家庭的鼓励与支持。

感谢电子工业出版社相关人士在本书出版过程中的辛勤付出。

北京科学智能研究院与深势科技联合发布的 2023 版《科学智能（AI4S）全球发展观察与展望》为本书的写作提供了诸多灵感。

特别感谢本书的科学顾问北京科学智能研究院提供的大量建议，以及曹荣根、Harvey、刘一帆、孟耀斌、宓群、孙伟杰、王小佛、王子轩、徐思昕、徐臻哲、张学标、周喆（按姓名拼音排序）提供的宝贵意见及为本书的编校与修改提供的巨大帮助。

祝愿 AI for Science 的生态越来越好！

作　者

扫描以下二维码，添加微信好友，发送"AI4S"
获取本书参考资料列表

目 录

第 1 章 人工智能驱动的科学创新 1

第 1 节 什么是 AI for Science 2
1. 生活中的 AI 与科学家眼中的 AI 2
2. AI for Science 的参与角色 4
3. AI for Science 的应用领域 8

第 2 节 AI for Science 的底层逻辑：科学创新的新范式 9
1. 传统科学创新的四种范式 10
2. 科学创新的新范式：人工智能驱动 11

第 3 节 为什么要发展 AI for Science 14
1. 科研视角：助力搭建平台科研模式 15
2. 产业视角：用摩尔定律打破反摩尔定律困境 17
3. 政策视角：国家发展战略的需求 19

第 2 章 AI for Science 的技术支撑 21

第 1 节 理论：双科研模式的生长 22
1. 牛顿模式与开普勒模式 22
2. 双模式的发展瓶颈：维度灾难 24
3. 人工智能助力解决科研瓶颈 26

第 2 节　数据：在科技发展中加速积累 28
  1. 科技的进步推动科研数据加速积累 28
  2. 人工智能的发展推动科研数据加速积累 32
第 3 节　算法：理论模型的实践和落地 37
  1. 机器学习算法促进维度灾难问题的解决 37
  2. 大语言模型带来全新的科研机遇 39
第 4 节　算力：基础设施的持续进步 41
  1. 算力基础设施的发展历程 42
  2. AI for Science 算力基础设施的建设 44

第 3 章　AI 与材料科学 47

第 1 节　"AI+材料科学"的发展背景 48
  1. AI 对材料研发模式的革新 49
  2. "AI+材料科学"的推进器：材料基因工程 51
第 2 节　"AI+材料科学"的落地应用 53
  1. 传统材料：金属、有机等材料的开发和应用 54
  2. 新型材料：纳米、超导等材料的发现 56
第 3 节　"AI+材料科学"的相关技术 58
  1. 高通量材料计算模拟 58
  2. 高通量材料制备与表征 60
  3. 材料服役行为高效评价 61
  4. 专用材料数据库 62
第 4 节　"AI+材料科学"的产业图谱 63

  1. AI 能力支持端 63
  2. 模拟计算软件 67
  3. 材料厂商 69
  4. 相关专用数据库 70
 第 5 节　"AI+材料科学"的政策启示 72
  1. 面向"卡脖子"材料开展重点技术攻关 73
  2. 将人工智能技术作为材料基因组工程建设的重要内容 74

第 4 章　AI 与生命科学 77

 第 1 节　"AI+生命科学"的发展背景 78
  1. AI 催生生命科学研发新模式 78
  2. "AI+生命科学"的发展脉络 82
 第 2 节　"AI+生命科学"的落地应用 87
  1. 药物研发领域的 AI 应用 87
  2. 基因测序和编辑领域的 AI 应用 90
  3. 合成生物学的 AI 应用 93
 第 3 节　"AI+生命科学"的相关技术 96
  1. 药物研发领域的相关技术 96
  2. 基因测序和编辑领域的相关技术 98
  3. 合成生物学的相关技术 101
 第 4 节　"AI+生命科学"的产业图谱 104
  1. AI 与制药 104
  2. AI 与基因测序和编辑 107

3. AI 与合成生物学 109

第 5 节　"AI+生命科学"的政策启示 111

　　1. 促进以生命科学为中心的跨界合作与人才流动 111

　　2. 加快建设生物学数据库 112

　　3. 强化生物安全与生物伦理监管 113

第 5 章　AI 与电子科学 115

第 1 节　"AI+电子科学"的发展背景 116

　　1. 从摩尔时代到后摩尔时代 116

　　2. 深度摩尔定律与超摩尔定律 119

第 2 节　"AI+电子科学"的落地应用 121

　　1. AI 赋能芯片设计 121

　　2. AI 赋能芯片制造 125

　　3. AI 赋能芯片检测 126

　　4. AI 赋能芯片材料研发 127

第 3 节　"AI+电子科学"的相关技术 129

　　1. 芯片设计中的 AI 技术 129

　　2. 芯片制造中的 AI 技术 130

　　3. 芯片封测中的 AI 技术 132

　　4. 芯片材料研发中的 AI 技术 132

第 4 节　"AI+电子科学"的产业图谱 134

　　1. 材料与设备端 134

　　2. 芯片设计端 136

  3. 芯片制造端 140

第5节 "AI+电子科学"的政策启示 144
  1. 加快半导体产业的国产产品替代 144
  2. 政策引导进行产业链跨领域协作 146
  3. 加快 AI 芯片制造落地 146

第6章　AI 与能源科学 149

第1节 "AI+能源科学"的发展背景 150
  1. 人类利用能源的历程 150
  2. AI 对能源科学的重要意义 152

第2节 "AI+能源科学"的落地应用 155
  1. AI 与化石能源科学研究 155
  2. AI 与可再生能源科学研究 159
  3. AI 与能源转型 170

第3节 "AI+能源科学"的相关技术 176

第4节 "AI+能源科学"的产业图谱 178
  1. 资源的勘查与提取 178
  2. 能源的加工/转化与储存 179
  3. 能源的终端输送与应用 180

第5节 "AI+能源科学"的政策启示 182
  1. 确保"AI+能源系统"的可持续性、安全性和可靠性 183
  2. 推动能源数据的开放和共享 184
  3. 提升 AI 系统在能源行业中的互操作性与标准化 184

第 7 章　AI 与环境科学 187

第 1 节　"AI+环境科学"的发展背景 188
1. AI 技术为环境科学引入新的价值和机遇 188
2. AI 技术在环境科学领域的发展脉络 190

第 2 节　"AI+环境科学"的落地应用 192
1. 智能环境监测 192
2. 智能污染治理 194
3. 智能碳减排 196

第 3 节　"AI+环境科学"的相关技术 197
1. 环境地理与 GIS 技术 197
2. 环境数据获取与遥感技术 199

第 4 节　"AI+环境科学"的产业地图 200
1. 研发与咨询 200
2. 应用与推广 203

第 5 节　"AI+环境科学"的政策启示 205
1. AI 技术辅助制定重大环境污染问题应急响应方案 206
2. 开放公共环境数据资源 207

第 8 章　AI for Science 的危与机 209

第 1 节　AI for Science 的机遇 210
1. 复用 AI 生产力的红利 210
2. 大模型的巨大潜力 212
3. 跨学科交融与开源生态的完善 214

第 2 节　AI for Science 的挑战 215
　　1. 科学结果的可解释性 215
　　2. 科研协作的制度挑战 218
　　3. 科研成果的落地转化 220
第 3 节　生态展望："平台科研"模式的四梁 N 柱 222
　　1. 砖瓦：科学智能的建设基础 222
　　2. 四梁：AI 驱动的平台系统 224
　　3. N 柱：国家战略的支撑应用 225

第 1 章 人工智能驱动的科学创新

谈及人工智能，你首先想到的是什么？有些人会想到 App 中的推荐系统，有些人会想到检票口的人脸识别闸机，有些人会想到各式各样的人工智能绘画工具。无论你想到的是什么，一个无可争辩的事实就在眼前：人工智能已成为我们生活中重要的一部分。

在 21 世纪的第二个十年里，科学研究的不断创新推动了人工智能技术高速发展，让它走进了千家万户。目前，作为基础设施的人工智能已成为一种生产工具，反哺各领域科学研究的发展，AI for Science 已成为一种全新的创新范式，驱动人类探索科学的边界。本章将为读者展示人工智能驱动下的科学创新图景。

第 1 节　什么是 AI for Science

让我们认识一下本书的主角——AI for Science。

1. 生活中的 AI 与科学家眼中的 AI

在了解 AI for Science 之前，我们不妨想象一个画面——

一天忙碌的工作终于结束，你坐着自动驾驶智能汽车回到家，通过人脸识别系统刷开门禁，轻唤一声，窗帘慢慢打开，空调自动运行并调节到合适的温度。智能音箱在你进门那一刻，根据你的喜好开始为你播放美妙的音乐。最近你在减肥，不知道晚餐该吃什么，于是，你打开 ChatGPT，看看它给你推荐的健康且美味的食谱。美好的夜晚开始了……

曾经只会出现在科幻小说中的画面，我们已不再觉得遥远。人工智能技术发展至今，自动驾驶、人脸识别、语音识别、内容智能推荐等应用，已经深入我们生活的方方面面。特别是在 2022 年下半年，从 AI 绘画的火爆，到以 ChatGPT 为代表的接近人类水平的大语言模型（LLM）的涌现，与生成式人工智能（AIGC）有关的话题不断激发人们的讨论，其应用也遍布智能客服、语音助手、创意工作、教育培训、代码编写等领域。强大的内容生成能力，能够协助人们完成工作和生活中的诸多事项。可以说，人工智能与人们生活的关系从未如此紧密。

当一种技术对人们的日常生活和工作有足够的影响力时，将它用在科学创新中，对社会的影响可能会更加深远——如果 ChatGPT 可以用于生成工作报告，那么它是否可以用于科学文献的整理与总结？

人工智能技术同样如此。人工智能对人类社会的影响远不止于办公和生活场景。"科学技术是第一生产力"，人工智能与各交叉领域的科学研究紧密结合，服务于生物医药、材料科学、电子技术等实体经济方面的科技创新，对推动人类文明的整体进步，以及提升国家科技竞争力、加快产业升级，具有重要的战略意义。

以上讨论的这种人工智能驱动科学创新（研究）的模式，被业界称为"AI for Science"，一般简称为"AI4S"，也可以称为"科学智能"。用火爆的 AIGC 概念做类比：AIGC 主要使用 AI 协助客服人员、设计师、文案作者等角色完成自己的工作；AI for Science 主要使用 AI 协助科学家、工程师等角色完成自己的工作。AI for Science 基于科学机理，运用深度学习、机器学习等人工智能技术，高效处理多维、多模态的大规模数据并构建准确的科学模型，为生物医药、材料科学、能源科学、电子技术、环境科学等领域的科技创新提供支持，从而提高科技创新的效率和生产力。

AI for Science 思想的出现可以追溯到 2016 年——阿尔法围棋（AlphaGo）首次战胜人类围棋冠军，让人们认识到人工智能的技术能力和巨大价值。2018 年，中国科学院鄂维南院士在全球首次提出 AI for Science 的概念，强调利用人工智能学习科学原理、创造科学模型来解决实际问题，使 AI for Science 成为科学研究的新范式。在 2020 年和 2021 年《科学》（*Science*）期刊评选的年度十大科学突破中，可精准预测蛋白质结构的人工智能模型 AlphaFold 和 AlphaFold2 连续入选，二者也被认为是 AI for Science 的杰出成果。2023 年年底，《自然》（*Nature*）期刊发布的研究显示，由 GPT-4 驱动的"AI 实验室伙伴"Coscientist 可用于完成各种复杂的化学实验，甚至包括曾获诺贝尔化学奖的钯催化的交叉偶联反应[①]。近年来，AI for Science 已得到国内外学界和业界的普遍认可。

在我国，AI for Science 已成为国家科技战略布局的重要组成部分。在国家科技计划方面，科技创新 2030——"新一代人工智能"重大项目设置了新一代人工智能 AI for Science 专题，其中就包括人工智能与科学深度结合专题计划。工信部制造业高质量发展专项启动了面向人工智能的云端训练用高密度集群服务器及关键零部件的研发工作，着力推动 AI for Science 相关标准的制定。

可以说，一场人工智能驱动科学创新的革命正在发生！

2. AI for Science 的参与角色

近年来，AI for Science 已获得我国政府、学界和业界的认可，产业化进程不断加快，科研机构、产业公司、政府部门三方都在其中发挥着重要作用。

（1）AI for Science 与科研机构

科研机构是 AI for Science 浪潮中的关键力量，在基础研究、重大科研项目攻关、人才培养等方面发挥着重要作用。除了人们熟知的高等院校相关专业学院、研究所，一些新型科研机构也活跃在 AI for Science 的舞台上。

鹏城实验室（Peng Cheng Laboratory）就是中央批准成立的突破

---

① 见资料 1-1。

型、引领型、平台型一体化的网络通信领域新型科研机构,主要从事该领域战略性、前瞻性、基础性重大科学问题和关键核心技术的研究,是国家战略科技力量的重要组成部分[①]。在 AI for Science 领域,鹏城实验室发布了面向生物医学领域的人工智能大模型"鹏程.神农生物信息研究平台",利用人工智能赋能生物医药探索,加快新型药物的筛选与研发。

除了鹏城实验室,北京科学智能研究院也是这类新型科研机构在 AI for Science 领域的杰出代表。北京科学智能研究院成立于 2021 年 9 月,由鄂维南院士领衔,聚焦物理建模、数值算法、人工智能、高性能计算等交叉领域的核心问题,致力于将人工智能技术与科学研究结合,加快不同科学领域的发展和突破,推动科学研究范式的革新[②]。

(2)AI for Science 与产业公司

产业公司不仅是技术研发的重要力量,还承担着将技术引入商业领域,面向下游场景的需求开发相应产品和服务的任务。产业公司主要包括两类。

一类是站在 AI 侧的科技公司,它们主要承担算法模型开发、算力基础设施建设运营等任务。例如,华为这样的科技大厂开发了人工智能天气预测大模型"盘古气象",其速度比传统数值预报提高了 10000 倍以上,将全球天气预测时间缩短到数秒,预测结果也更准确;深势科技这样的科技"独角兽"运用人工智能和多尺度的模拟仿真算

---

① 见资料 1-2。
② 见资料 1-3。

法，结合先进的计算手段求解重要科学问题，为人类文明中最基础的生物、医药、能源、材料、信息领域的相关科学与工程研究打造了新一代微尺度工业设计和仿真平台，开创性地提出了"多尺度建模+机器学习+高性能计算"的革命性科学研究新范式，并推出了 Bohrium® 科研云平台、Hermite® 药物计算设计平台、RiDYMO® 难成药靶标研发平台、Piloteye™ 电池设计自动化平台等工业设计与仿真基础设施，颠覆了已有研发模式，打造了"计算引导实验、实验优化设计"的全新范式。

另一类是站在 Science 侧的与具体科学领域相关联的公司，它们利用人工智能技术改革产品研发、测试、生产方式，并经常与 AI 侧具有强大技术实力的公司合作。例如，中国商飞上海飞机设计研究院联合华为发布了业界首个工业级流体仿真大模型"东方.御风"，解决了 C919 流体风动设计的安全效率问题；宁德时代和鸿之微共同建立"鸿之时代实验室"，旨在利用计算机技术解决材料研发方面的应用需求。

对产业公司来说，为了加快自身科学成果落地，与科研机构的合作也是不可或缺的。例如，阿里巴巴与复旦大学在科研融合创新、人才培养等领域达成了战略合作，共同促进 AI for Science 从原始创新到应用落地的全链路发展；百度与上海交通大学在 AI for Science 领域开展合作，加强科学研究、人才培养等方面的交流合作，推进信息数据资源共享，促进基础研究与产业应用的深度融合，并计划联合申报承担各类科研计划和重大科研专项；华鲲振宇联合武汉理工大学，以自动驾驶、交通、材料、基因育种为研究方向，打造国产全栈式算力底座，探索孵化 AI for Science 相关领域的算法应用成果。

（3）AI for Science 与政府部门

在 AI for Science 的发展过程中，政府部门扮演着关键的引导和支持角色，主要通过政策、资金、基础设施等方面的措施推动这一新兴领域的发展。

目前，相关政府部门已提供了一系列政策和资金支持。例如，由科技部管理的国家自然科学基金委员会（NSFC）设立了 NSFC 人工智能学科基金项目，工信部也在着手制定相关人工智能产业政策。

除了基本的政策和资金支持，相关政府部门还在基础设施建设方面大力投资，建设高性能计算机中心，用于处理大规模数据和进行复杂计算。例如，国家超级计算广州中心部署的"天河二号"超级计算机，不仅在民用气象预报行业率先实现了超算技术的应用，还在虚拟药物筛选方面取得了重要突破。

此外，相关政府部门也在大力推动科学数据共享平台的建设。例如，国家基础科学数据共享服务平台，作为科技部和财政部认定的 20 个国家科学数据中心之一，依托于中国科学院计算机网络信息中心，由中国科学院、教育部、工信部、国家国防科工局、国家林草局、黑龙江省等下属的 40 余个单位共同建设，集成了多学科数据，促进了数据的交流共享，为 AI for Science 提供了重要的数据支持[①]。地方政府积极响应并推动成立了一系列人工智能研究机构，如北京智源人工智能研究院等，展示了地方政府在 AI for Science 领域的战略部署。

这些措施，为 AI for Science 的相关研究和产业化提供了坚实的支持体系。

---

① 见资料 1-4。

3. AI for Science 的应用领域

AI for Science 的应用领域众多，本书聚焦于材料科学、生命科学、电子科学、能源科学、环境科学五大应用领域并进行延展。

在材料科学领域，人工智能不仅能为研发人员改进金属、塑胶等传统材料的工作提供帮助，如开发具有高强度、形状记忆等特性的特殊合金材料，也能帮助科学家探索和开发纳米、超导、碳纤维等新型材料。

在生命科学领域，AI for Science 既可以帮助科学家提高药物研发速度、降低成本，从而更快地研发出新药，也能在基因研究中发挥重要作用，帮助科学家更准确地理解与疾病有关的基因变异，甚至编辑生物体的基因。此外，将 AI for Science 应用于合成生物学，可以帮助科研人员更加高效地创建具有特定功能和性质的生物体，进而解决生物领域的重大问题。

在电子科学领域，随着芯片的复杂度持续增加，可以使用人工智能提高芯片设计的自动化水平，从而缩短开发周期、减少开发工作量和设计错误。在半导体制造和封测环节，可以使用人工智能对光刻等环节的工艺进行优化，提高缺陷检测水平，从而提升良率。不仅如此，利用人工智能寻找新一代半导体材料也是业界关注的焦点。

在能源科学领域：一方面，人工智能在石油、天然气等化石能源勘探领域及传统能源的数字化转型中发挥了重要作用；另一方面，科研人员利用 AI 工具完成各种数据处理工作，提高了新能源电池及太阳能、风能等多种可再生能源相关技术的研发效能。

在环境科学领域，人工智能技术被用于监测大气、水和土壤中的各种污染物，监测二氧化碳的排放情况，助力碳减排。在气象预报方面，人工智能模型能够大幅提升环境信息预测的精度。

对上述五大应用领域，本书将分别从科研机构、产业公司、政府部门的角度，介绍 AI for Science 是如何推动人类的科学和文明持续前行的。

第 2 节　AI for Science 的底层逻辑：科学创新的新范式

通过上一节对 AI for Science 基本情况的介绍，相信读者已经能够理解推动 AI for Science 的重要战略意义。

AI for Science 不仅解放了科学家，也助力了新型工业，可能会带来巨大的生产力变革。就价值而言，AI for Science 常被称作"科学创新的第五范式"。

"范式"的概念是由美国哲学家托马斯·库恩（Thomas Kuhn）在《科学革命的结构》（*The Structure of Scientific Revolutions*）一书中提出的。他认为，范式是指从事科学活动或科学研究所遵从的一种公认的模式，人们按照以这种模式指导的世界观、基本理论、方法、标准，不断解决难题。不过，在一种范式下会慢慢出现很多难题无法得到解决的情况，即所谓"反常"。如果"反常"的情况越来越多，就会出现一种新范式取代此前长期统治科学界的旧范式的情况，即"范式转换"。科学的跨越式发展，本质上是依靠不断发生的范式转换实现的。

1. 传统科学创新的四种范式

图灵奖得主詹姆斯·格雷（James Gray）总结了传统科学的四种范式：经验试错、理论推演、计算范式、数据范式。

（1）经验试错

经验试错是过去很长一段时间里的创新范式。人们根据过往的经验及理论、技术基础设计初代样品，然后通过实验将样品生产出来，并对样品进行测试。如果样品无法满足要求，就不断修改样品，以逼近目标样品。经验试错法功勋卓著，历史上电动机、发电机、电灯、变压器、内燃机、电报、电话等的发明过程都和它有密切的关系，直到今天，它仍是生物、医药、材料、化学等众多学科进行创新的主要方法。不过，经验试错法的缺点很明显，如需要投入大量的精力和时间不断尝试，且尝试本身需要耗费大量成本，导致在某些情况下此方法不可行——在研发一款飞机的过程中，不可能生产出成百上千架样品机逐一试验。

（2）理论推演

从17世纪起，科学研究逐渐发展并趋于成熟。科学家在充分了解自然并掌握大量规律后，开始将自然现象转化成理论模型，并根据这些理论模型进行进一步的研究。其中，典型代表有牛顿定律、麦克斯韦电动力学方程等，它们由经验观察和归纳推导得出，是很多科学创新成果的理论基石。然而，面对复杂的问题，理论模型的搭建是一项重大挑战，而且常常需要对模型进行近似处理，所以，在很多时候理论模型不可避免地存在偏差和局限。

(3) 计算范式

随着电子计算机的发展，科学家可以基于基础理论，对复杂过程进行多空间尺度的模拟，以定向设计物质的成分、结构和性能。密度泛函理论、分子动力学、相场/晶体相场、有限元等一系列模拟计算方法在这个时期得到快速应用，如通过有限元和差分方程进行天气预测。然而，模拟计算受限于理论框架的科学性和参数的准确性，其计算结果和实验结果经常存在差异，所以仅能作为参考。

(4) 数据范式

随着信息技术的快速发展，人们通过各类仪器设备获取了海量数据，涵盖材料、生物、电子、能源、环境等多个学科领域。传统科技创新由科研人员通过实验、理论推演、模拟计算等方式实现，并通过数据进行验证。而在数据范式下，是通过对高通量试验设备收集的科研数据进行处理和分析，找到隐藏在背后的规律，实现对科技创新的方向和过程的指导的。不过，数据范式也存在很多不足，如数据量过小造成精度不足、数据量过大和数据复杂度过高导致处理困难。

以上四种范式各具优势和劣势，互为补充，并存不悖。在过去几年中，随着人工智能技术的发展，范式转换又一次悄然发生——AI for Science 有望成为新的科学创新范式。

2. 科学创新的新范式：人工智能驱动

AI for Science 作为"科学创新的第五范式"，具备强化科学计算能力、助力科学规律发现、提高科学实验效率、辅助科学文献研究等特点[①]。

(1) 强化科学计算能力

随着科学的进步，需要研究的问题的规模逐渐增大，对模型复杂度的要求不断提高，需要处理的数据量与日俱增，传统的"计算范式""数据范式"面临的"维度灾难"问题日趋严重。人工智能算法及模型具备对复杂问题进行计算和建模求解的能力，突破了传统科研范式面临的海量数据处理分析的维度灾难瓶颈，让科学研究获得了更强大的数据处理及分析能力。同时，在传统方式下，运用对数据的计算机模拟来解决问题依赖于对科学问题的已有研究，而已有的研究认知可能具有局限性。好在人工智能可以帮助我们发现"更好的选择"，如在复杂系统中，人工智能可以帮助我们更好地拟合关键参数、控制微分方程，并对复杂系统中的状态建模，提升科学计算的效率和精度。

(2) 助力科学规律发现

传统科学规律的发现，在很多时候依赖于研究者的经验和直觉。一方面，这会使科学规律的发现高度依赖灵感与巧合；另一方面，这会给直接建模研究高维海量数据和复杂科学问题造成困难。而人工智能可以结合科学家和工程师掌握的专家知识，利用深度学习算法对海量数据进行处理，助力数据背后科学规律的发现，为科学理论研究和创新提供思路和方法。

---

① 参见《中国 AI for Science 创新地图研究报告》。

具体来说，科学规律被发现的前提是可被验证的假设的提出。如果仅依赖经验和直觉去寻找这些假设，将耗费大量的时间。例如，开普勒耗费了四年时间分析行星数据，才提出了合适的假设。而借助人工智能技术，可以快速验证众多的假设候选项，提高从假设到科学规律的验证的产出率。

（3）提高科学实验效率

科学实验对任何科学研究来说都是一个重要的环节。引入人工智能后，可以从实验规划、实验引导、资源优化、实验调整四个角度提升科学实验的效率[1]。

- 实验规划：人工智能可以在实验设计中提供系统化的方法，通过模型、模拟和机器学习算法优化实验设计，从而提高探索目标问题的效率。
- 实验引导：人工智能可以引导实验过程，使其集中于产出高的假设，利用之前的观察记录和模型调整实验方向，从而提高实验的效率。
- 资源优化：人工智能可以帮助优化使用各类实验资源。例如，在化学合成规划任务中，人工智能可以设计出合成路线以减少人工干预，也可以改进假设以减少实验步骤。
- 实验调整：在实验中，经常需要根据实时的情况对实验细节进行调整，而仅依靠经验和直觉调整实验细节可能会带来潜在的风

---

[1] 参见 2023 年《自然》期刊发表的论文 Scientific Discovery in the Age of Artificial Intelligence。

险。借助人工智能，可以提高实验的安全性和成功率。

（4）辅助科学文献研究

所有的科学研究都是站在"巨人的肩膀"上完成的，而站上去的方式就是阅读文献。通过阅读科研文献，研究人员可以了解以往的研究脉络、存在的问题，并据此展开探索、进行改进。

然而，在信息"大爆炸"的时代，每个领域不仅有数量巨大的存量文献，而且，在增量文献部分，人类的阅读速度也跟不上文献数量增长的速度。与此同时，很多科研人员在从跨领域、跨学科的文献中高效地提取自己需要的信息方面遇到了困难，陷入了"信息过载"的困境。

自然语言处理等人工智能技术有效地打破了这一困境，不仅能够帮助科研人员从海量的文献、互联网网页中提炼有用的知识、提高数据获取效率、扩大数据规模，还可以帮助科研人员快速学习跨领域和跨学科的知识。例如，将以 ChatGPT 为代表的大语言模型接入学术知识库，可以为科研人员提供高效的科研文献信息支持。

第 3 节　为什么要发展 AI for Science

为什么要发展 AI for Science？下面分别从科研、产业、政策的视角来分析。

1. 科研视角：助力搭建平台科研模式

鄂维南院士在接受《科技日报》采访时曾表示，新一轮科技革命中很重要的一点就是科学研究从"小农作坊"模式向"平台科研"模式转变，AI for Science 正是推动"平台科研"的主要动力。人工智能技术不仅极大提高了科研活动中共性工具的效率和精度，更重要的是，它可以助力建立一个由产业需求推动科研的有效体系[①]。

传统的科研活动主要依靠科研人员在自己所在领域的经验积累和技术沉淀展开，这种模式就像小作坊生产。在小作坊中，生产几乎完全依靠手工方式完成，每个产品的推出都需要长时间的尝试和摸索。小作坊的核心竞争力集中体现在老师傅的经验和手艺上，技术的传承也高度依靠师傅带徒弟，徒弟往往需要很长时间才能出师。当想要拓店或者与外部厂商合作时，手艺很难被复制。所以，小作坊的生意很难做大。

这些问题不仅会在传统的小作坊中出现，也会在科研工作中出现。"作坊模式"的科研工作具有以下特点。

- 需要花费大量时间精心设计实验，进行实验操作，以总结归纳可重复出现的结果。
- 手工实验成本较高，效率低下。
- 虽然在很多时候强调实验的可重复性，但其他科学家在复现实验结果的过程中依然困难重重。

---

① 见资料 1-5。

- 细分领域的科学研究通常由经验丰富的专家主导，新进入的科研人员需要花费大量时间积累经验。
- 开展跨学科研究的难度相对较高，知识分享效率有限。

而到了 AI for Science 时代，人工智能技术就像标准化的生产线和机械设备，可以把小作坊变成集约化的生产平台。"平台模式"能够有效提升科技创新速度，科研工作具有以下特点。

- 强调模型和数据驱动，利用人工智能算法辅助科研人员进行实验方案设计。
- 人工智能模型和算法能够有效缩短实验时间、减少实验次数，从而降低手工实验的成本。
- 基于强大的算力，通过模拟计算得到实验结果，且实验结果相对容易被复制和检验。
- 科研人员可以使用现成的知识工具解决自己以往无法解决的科研难题，而无须从头学习这些知识工具的底层原理，从而节省在积累经验上花费的时间。
- 优秀的科研经验和知识可以被共享和复用，知识分享效率大幅提升，跨学科合作也更容易进行。

与传统的"作坊模式"相比，AI for Science 的"平台模式"利用人工智能技术助力科研，跨学科性更强、效率更高，有助于解决复杂的科学问题、推动科学进步。不过，就像生产平台无法完全代替小作坊一样，传统的"作坊模式"仍然可以在某些领域发挥重要作用。两种模式相互补充，可以共同推动科学的发展。

2. 产业视角：用摩尔定律打破反摩尔定律困境

产业视角下的科研面临一个严峻的问题：企业不仅需要探索科学的前沿，还需要让科研成果在商业实践中落地，并从激烈的市场竞争中脱颖而出，完成商业闭环。

谷歌（Google）公司前首席执行官埃里克·施密特（Eric Schmidt）曾提出，一个IT公司如果今天和18个月前卖掉同样数量的同一产品，它的营业额就要减少一半——IT界称之为反摩尔定律（Eroom's Law）[1]。反摩尔定律反映了一个现象：随着行业的持续发展和竞争的加剧，企业会遇到瓶颈，出现研发周期延长、成功率降低、费用增加等问题，企业维持业绩需要越来越高的人力和财力投入。

反摩尔定律在医药、材料等行业的表现明显，新药、新材料的研发因难度不断提高而成为相关企业的一笔高投入、长周期、高风险的投资。

面对这一局面，用"摩尔定律"打败"反摩尔定律"成为破局之道。20世纪下半叶至今，摩尔定律是科技行业发展的底层驱动力。人类掌握的算力和存储能力持续增加，加上算法的突破创新，促使各行各业的数字化水平快速发展，研发、经营、管理的效率持续提升。近些年，人工智能任务的处理速度和效率不断提高，也使AI for Science在研发效率、研发质量的提升方面发挥了很大的作用，帮助医药、材料等行业的企业走出了反摩尔定律的困境。

以医药行业为例，通过人工智能技术破解药物研发难题已逐渐成

---

[1] 见资料1-6。

为行业共识。一种全新靶点、全新机制的药品，其研发需要经过结构筛选、临床试验审批、临床试验、上市申请及审批等多个环节。我们回顾一下：20世纪60年代，投入10亿美元可以使大约10种新药上市；21世纪初，相同的资金投入仅能使1种新药上市；2016年，10亿美元已无法支撑一种新药的开发[1]。对于发展过程中的困境，医药行业正在积极通过人工智能提高研发效率和研发质量。目前，人工智能算法可以赋能药物研发的不同阶段，包括靶点发现、老药新用、化合物筛选、分子设计与优化、晶型预测、剂型设计、临床前试验结果预测、辅助临床试验设计、患者招募分组等。Tech Emergence的一份报告显示，人工智能可以将新药研发的成功率提高至16.7%，并在研发的主要环节节约40%~60%的时间成本。

材料行业面临的问题和医药行业类似。工信部2018年披露的对全国30多家大型企业130多种关键基础材料的调研结果显示，32%的关键材料在我国仍为空白，52%的关键材料依赖进口。许多"卡脖子"技术都与材料有关，如航空装备等材料的研发周期长达数十年，严重制约了装备的升级换代[2]。中国工程院院士、北京航空航天大学原校长徐惠彬曾表示，人工智能技术的发展为加快材料的研发速度提供了新的机遇，有望大幅缩短空天材料从0到1再到100的熟化时间，实现材料研发周期缩短一半、研发成本降低一半、性能提高一倍的目标。

---

[1] 见资料1-7。
[2] 见资料1-8。

3. 政策视角：国家发展战略的需求

我国已将 AI for Science 提升到重要的国家战略地位。"十四五"规划明确指出"加强信息科学与生命科学、材料等基础学科的交叉创新"，AI for Science 成为未来科技创新重要的发展方向，多地的新一代人工智能发展方案等也对相关领域的基础研究和产业应用给出了具体的指导建议。

在材料科学、生命科学、电子科学、能源科学和环境科学领域，相应的政策也纷纷出台。在材料科学领域，我国于 2016 年发布了"材料基因工程关键技术和支撑平台"重点专项实施方案，全面启动了材料基因组计划。在生命科学和电子科学领域，我国人工智能领域的首部省级地方性法规《上海市促进人工智能产业发展条例》指出，要加快人工智能、集成电路、生物医药等先导产业互促发展。在能源科学领域，《国家能源局关于加快推进能源数字化智能化发展的若干意见》提出，要探索人工智能在电网智能辅助决策和调控方面的应用。在环境科学领域，中国气象局发布的《人工智能气象应用工作方案（2023—2030 年）》表示，要强化人工智能技术应用的基础支撑能力，推动人工智能技术在气象观测、预报和服务中的深度融合应用。

美国也有相应的行动。白宫在《国家人工智能研发战略计划》中提出，人工智能是这个时代最强大的技术之一，联邦政府会对基础和负责任的人工智能研究进行长期投资，并提到人工智能技术在气候、农业、能源、公共卫生、医疗保健等领域取得了突出的成就。其他多国也纷纷加大对 AI for Science 的资金投入和政策引导，以求在国际科技竞争中获得一席之地。

世界科技强国竞争，比拼的是国家战略科技力量。在国际竞争日趋复杂的今天，AI for Science 已经成为一股不容忽视的战略科技力量。AI for Science 不是细分科技领域的单点突破，而是科学创新范式底层的革新。在人工智能的驱动下，科学的各个领域会迎来大规模的、持续的、不断加速的创新浪潮。相关政策对 AI for Science 发展的引导和支持，自然是掌握这一重要战略科技力量的题中应有之义。

第 2 章　AI for Science 的技术支撑

　　人工智能之所以能够重新定义新时代的科研方式，离不开背后各类技术要素的支撑。本章将从科学研究底层的理论模式与主要困境出发，以人工智能的三要素——数据、算法、算力——为切入点，全面解读人工智能是如何为科学研究提供技术支撑的。

第 1 节 理论：双科研模式的生长

1. 牛顿模式与开普勒模式

要想了解 AI for Science，不妨先深入理解一下"Science"（科学）这个词。它起源于拉丁文的"Scientia"（知识），指的是一种系统的知识体系。维基百科用"积累和组织有关于万物可检验的解释和预测"描述了科学的特点。在这里，我们可以获得两组关键词，一组是"积累"和"组织"，另一组是"解释"和"预测"。用"检验"的方式将这两组关键词串联在一起，不断纠正认知偏差，就是人类的科学探索之路。

不过，问题来了：我们应该先进行"解释"和"预测"，还是先进行"积累"和"组织"呢？

换个角度：我们应该在"理想世界"思考科学问题，还是在"现实世界"探索科学问题呢？

"理想世界"指的是一个已知其本质原理的世界。在"理想世界"中，我们从最根本的规律出发，推导和解释各种科学现象，进而提出预测假设，并在积累和组织关于这些科学认知的数据后，对假设进行检验和验证。

"现实世界"指的是我们当前所生活的世界。在"现实世界"中，我们从在当前世界中已经积累和组织起来的数据出发，总结科学规律，并尝试运用理论进行检验，最终对结果加以利用，去解释和预测各种科学现象。

以上内容可以大致类比科学研究的两种模式——牛顿模式和开

普勒模式①②。

所谓"牛顿模式",就像牛顿搭建的整个力学体系一样,从本质原理出发,逐渐形成了一套完善的理论,并通过大量的实验验证了理论在既定范围内的正确性。这种模式强调"追本溯源"的思考方式,即对万事万物都要找到其根本问题。一种更"学术"的表达是,牛顿模式是基于"第一性原理"思维的科学研究模式,即从某个领域最基本和最基础的原理出发去研究整个世界。所以,牛顿模式也被描述为"基于原理驱动的研究方式"。打一个与实践联系比较紧密的比方:你想设计一种新型汽车,你可以通过了解汽车的基本构造和原理,从最基本的元素和原理开始,推导出汽车应该"长"成什么样,并尝试动手制作,看看结果和你设想的是不是一样。牛顿模式可以帮助我们更好地理解事物的本质,从而更好地解决问题。

所谓"开普勒模式"是一种基于数据驱动的研究方式。就像开普勒基于对天体观测数据的详细分析发现了行星运动的规律一样,开普勒模式通过分析数据来寻找科学规律并解决实际问题。在现代科学中,开普勒模式被应用于多个领域,既包含自然科学领域,也包含社会科学领域。例如,在生物学领域,研究人员可以通过分析大量的基因组数据来寻找新的基因和蛋白质,从而推动生物技术的发展。同样打一个与实践联系比较紧密的比方:你想研究某个城市的人流量,你可以收集不同时间段该城市的人流量数据,通过分析这些数据来总结

---

① 参见2022版《科学智能(AI4S)全球发展观察与展望》。
② 也称为"牛顿范式"和"开普勒范式"。本书为了将二者与"创新范式"和"科研范式"区分开来,用"模式"替换了"范式"。

人流量的变化规律，并根据这些规律制定更合理的城市规划方案。

无论是牛顿模式还是开普勒模式，都在指导现代科学研究的设计与实施过程中发挥着重要的作用。

2. 双模式的发展瓶颈：维度灾难

虽然多年来牛顿模式和开普勒模式支撑着人类科学研究的发展，但是在很多领域的科学研究从理论走向实践的过程中，"维度灾难"成为牛顿模式和开普勒模式发展和应用道路上难以逾越的天堑。2023版《科学智能（AI4S）全球发展观察与展望》报告，化用量子力学奠基人之一、1933年与埃尔温·薛定谔（Erwin Schrödinger）一起获得诺贝尔物理学奖的保罗·狄拉克（Paul Dirac）的一句话描述了这一困境：我们有了打开科学大门的钥匙，却没有力气去把门推开。没有力气推开门的原因，就是"维度灾难"。

所谓"维度灾难"是指在某些问题的求解过程中，随着维数的增加，计算代价会呈指数增长[①]。换句话说，如果在解决科学问题的过程中，输入数据的维度过多，那么受限于现有算力，科学问题的解决会变得昂贵且困难。

然而，从牛顿模式和开普勒模式两个角度看这个问题，维度灾难的表现各不相同。根据鄂维南院士在 AI for Science 系列讲座中分享的观点，牛顿模式（基于原理驱动的模式）的核心问题是基本原理太难用，主要瓶颈是处理基本原理的算法，而开普勒模式（基于数据驱动的模式）的核心问题是数据量不够，主要瓶颈是获取数据的实验手

---

① 参见1957年出版的 *Dynamic Programming* 一书，作者为 Richard Bellman。

段和数据分析手段。

从牛顿模式出发，维度灾难问题直接表现为复杂场景中的模型求解问题。许多科学领域其实已经有理论可解的模型了，但受限于计算能力，目前似乎没有很好的求解办法。在这些复杂的场景中，优雅的基本原理似乎用处不大，很多问题在现有算力下可能穷尽众多科学家的一生也无法得出答案。于是，人们退而求其次，采用经验方法和近似方法，却因此丢失了牛顿模式带来的严谨性、可靠性与普适性。

当科学家把视线转向开普勒模式时，遇到的问题也是类似的。尽管传统的统计学习方法高度依赖数据，但在很多情况下使用的是小规模数据。由于小规模数据受限于采样偏差，而其表达能力受限于数据规模，所以，只能进行粗略的分析和拟合，一旦在实际应用中对精度的要求有所提高，小规模数据就难以满足需要。同时，除了对精度的要求，当维度不断增加时，高维度的场景需要更多高维度的数据才能在各维度上都有较好的拟合精度，而这会让数据处理工作变得异常困难，甚至无法在可以被人们接受的时间跨度内完成任务。

即使瓶颈如此明显，在科学研究中人们也经常会遇到高维数据，而这意味着维度灾难问题难以避免。为了帮助读者直观地理解这个问题，下面以常见的图像数据为例分析高维数据经常出现的原因。

我们知道，图像是由大量像素块组成的，像素块就是各种颜色的小方块。假设有黑色、白色两种像素块且不同像素块的明暗程度不同，我们可以根据明暗程度为每个像素块分配一个数字，这样，每个像素块都可以用一个一维数据集来表示。如果我们把一幅图片当作一条数据，那么一个图片集就是一个高维数据集。我们在日常工作中接触的图像不胜枚举，高维问题随处可见。

总结一下，目前科学模式发展的两难困境在于：一方面，各科学领域都充斥着高维问题；另一方面，各科学领域在发展过程中都迫切需要解决各种各样的高维问题，全新的科学研究模式亟待产生。

3. 人工智能助力解决科研瓶颈

人工智能的发展，尤其是以深度神经网络为代表的机器学习技术的兴盛，为之前科研瓶颈问题的解决提供了新的思路。维度灾难问题本质上是高维函数求解难的问题，而机器学习方法可以实现对高维函数的有效逼近。

从牛顿模式的角度看，人工智能可以提高计算求解速度，通过机器学习对高维函数的拟合有效避免传统经验方法和近似方法对结果可靠性的折损，并兼顾准确性和效率。从开普勒模式的角度看，人工智能可以更有效地处理科学大数据。当前，数据获取似乎不再是难题，机器学习则为处理大数据提供了有效的方法，帮助我们发现隐藏在数据中的规律和模式。

人工智能在提高计算求解速度方面的成果很多，一个典型案例是深势科技核心团队成员主导开发的深度势能（Deep Potential）开源方法。该方法运用"机器学习+多尺度建模+高性能计算"的方式，解决了传统分子模拟过程中难以兼顾精度与速度的痛点，实现了在第一性原理精度基础上的上亿个原子的分子动力学模拟。就像在宏观世界中我们可以运用牛顿力学精准地计算和模拟物体的运动情况一样，在微观世界中，我们可以使用人工智能的方法，结合量子力学、分子动力学等物理模型，有效地处理与电子、分子、原子等微观粒子之间的相互作用有关的问题。目前，这种方法已被应用于药物研发、材料研发等多个从科学理论出发、面向产业落地转化的技术领域。

在大数据处理上，人工智能在提高计算求解速度方面的典型案例是深度思考（DeepMind）公司的 AlphaFold2，它同时被《自然》和《科学》期刊评为 2021 年最重要的科学突破之一。AlphaFold2 的主要研究对象是蛋白质这种人们再熟悉不过的营养物质。我们可以将一个蛋白质分子看作一个由氨基酸串联而成的长序列——就像放在书包里的一根长棉线一样，越长就越不"稳定"、越容易卷在一起。蛋白质也是一样的道理，每个蛋白质分子都会卷曲成独特的 3D 结构，这个结构就决定了蛋白质的功能。探究蛋白质分子的结构对了解蛋白质的功能至关重要，然而，目前已知的蛋白质种类超过 10 亿，人们只了解其中很少一部分的功能。如果用传统的方法处理这样一个高维问题，就需要把蛋白质冻起来，从不同的角度观察，花费数月甚至数年的时间去了解一个蛋白质分子的结构[①]。AlphaFold2 利用人工智能方法，把这个过程的耗时缩短到几分钟到几小时，为那些需要处理海量数据的科学问题找到了破局之道。

结合目前人工智能在科学研究中的应用方向，AI for Science 大体分为模型驱动、数据驱动、模型驱动与数据驱动相结合三条路线。在这三条路线的演进过程中，数据、算法、算力三要素缺一不可。

---

① 见资料 2-1。

第 2 节　数据：在科技发展中加速积累

数据是人工智能的核心要素之一，数据的加速积累也是推动 AI for Science 发展的重要原因。一方面，科技的进步使数据数量增加、数据质量提高、数据获取成本降低；另一方面，人工智能技术本身的发展为高质量科研数据的积累提供了解决方案。下面将对这两个方面进行详细介绍。

1. 科技的进步推动科研数据加速积累

数据就像粮食，丰富的数据积累意味着人工智能有多种多样的数据来源和数据类型，可以更好地覆盖各种应用场景，提高其性能和表现。随着科技的进步，移动互联网的普及、物联网的发展、开放数据的推广、科学表征技术的迭代成为数据来源和数据类型不断拓展的重要原因。

（1）移动互联网的普及

移动互联网的普及使人们越来越依赖社交媒体和移动设备来获取信息、交流和分享，这些平台产生的大量用户数据和行为数据成为新的科研数据来源。

受移动互联网普及影响最直接的就是社会科学领域。在传统的社会科学研究场景中，经常需要通过问卷、访谈等方式获取个体或群体的信息（数据）。例如，社会科学家对某个城市的年轻人进行访谈，了解他们的职业选择、婚姻观念、消费习惯等。而随着移动互联网的普及，这些问题的答案往往可以直接从人们在社交媒体上的交流内容中获取,且获取过程非常适合与一些机器学习方法相结合。除了在社会科学领域,在自然科学领域,若希望研究某个科学主题对人类的影响,社交媒体上的数据依然是一个不错的选择。

除了可以将移动互联网的数据直接作为研究对象,也可以将社交媒体等平台上人们对热门科学话题的交流内容作为研究对象。2014年,《自然》期刊针对全球科学家使用各类社交媒体的情况开展的调查表明,社交媒体逐渐成为科研人员重要的"研究工具"。一个典型的例子是:2023年,韩国研究团队宣布发现室温超导体LK-99之后,在全球相关科研人员中掀起了检验其性质的浪潮,其中很多科研人员选择第一时间将成果发布在社交媒体上。此外,在科学计量领域,一种全新的研究方法"替代计量学"兴起,一些研究者尝试将社交媒体上的科研内容纳入学术成果的范畴,并考虑将阅读量、分享次数这类社交媒体指标作为引文量的补充,以此来衡量学术成果的影响力。在这样的环境中,科研文献的边界被拓展,文献数量的增加给临床药物研究等许多需要使用元分析(Meta Analysis)方法综合历史文献结论的领域带来了新的可能性,一些研究者也在尝试利用数据挖掘方法来分析科研文献。

用一句话总结:移动互联网的普及为许多全新形式的科研数据的产生创造了条件,这些数据获取成本较低,并且天然与人工智能领域有紧密的结合点,推动了AI for Science的发展。

(2)物联网的发展

物联网的发展也是科研数据加速积累的重要推动因素。所谓"物联网"就是将各种物理设备(如传感器、摄像头、智能设备)通过互联网连接起来，实现信息互联互通的技术网络。物联网这种新技术的发展，可以大幅改善传统方式收集数据需要耗费大量时间和人力的弊端。例如，监测环境变化、收集实验数据等工作都需要研究人员亲自操作，而不少科研数据的采集通常是间歇性的，且数据是有限的。如今，这种情况发生了很大的变化，科研人员可以利用物联网技术轻松地部署传感器等物联网设备，实时监测各种数据。这些设备可以远程收集数据，无论是在实验室、自然环境还是在工业场所，都能持续生成数据流。物联网的持续监测能力和数据收集能力，能够帮助科研人员更全面地了解事物的变化和发展趋势。

通过物联网，科研人员能够迅速积累大量数据，这些数据可用于分析、模拟和验证各种假设。例如，生态学家可以利用物联网设备实时监测动物的迁徙情况和植物的生长情况，从而更好地了解生态系统的运作方式。再如，医学研究者可以使用智能医疗设备收集患者的生理数据，帮助诊断和治疗疾病。

（3）开放数据的推广

开放数据的推广是科研数据加速积累的另一个重要原因。所谓"开放数据集"就是科研人员在整理和处理后公开分享的由他们收集的大量数据。科研人员合作将数据汇总，一起分析和研究，不仅不必从头开始收集数据，还节省了时间和资源。同时，研究方向不同的科研人员可以使用同一个数据集来验证自己的想法，从而提高研究结果的可信度。试想一下：如果每个科研人员都自己采集数据，那么，不仅耗时漫长，还会造成大量的重复劳动；而如果有科研人员愿意分享自己采集的数据，其他科研人员就可以基于这些数据在更多的领域开展研究工作，事半功倍。

　　开放数据集还有一个好处，就是可以促进不同领域之间的交叉研究。有时一个领域的数据可能对其他领域的研究有帮助，如果数据是开放的，那么，不同领域的科研人员可以自由地使用这些数据，且有可能得到一些超乎想象的结果。

　　当前，越来越多的组织，如政府部门、学术机构、非营利组织等，将自己的开放数据提供给公众使用，为科研创新提供了丰富的数据资源。开放数据主要包括政策文件、学术论文、研究报告、公共记录等，部分知名的开放数据集列举如下。

- MNIST 手写数字数据集：该数据集包含大量手写数字的图像，主要用于研究机器学习领域的数字识别问题。通过该数据集，研究人员可以测试各种算法和模型。可以说，该数据集推动了图像识别技术的发展。
- COCO 图像数据集：该数据集包含大量不同场景的图像，每幅图像都被标注了物体、人物等的位置和类别信息。该数据集在计算机视觉研究中被广泛应用，可以帮助算法更好地理解图像内容。
- GenBank 基因数据集：该数据集包含各种生物基因序列数据，为生物学研究人员和基因研究者提供了宝贵的资源。这些基因序列的共享，使科研人员能够更好地研究生命的奥秘，推动了医学和生物技术的进步。
- 谷歌开放图像数据集：该数据集由谷歌公司提供，包含数百万幅图像。该数据集中的数据被应用于多种机器学习和计算机视觉项目，有助于训练出更准确的模型。

（4）科学表征技术的迭代

科学表征技术的迭代为科研数据的加速积累提供了很大的帮助。

科学表征技术就像用特殊的眼睛去看微小的东西，让我们能更清楚地了解事物的面貌和特点。举一个通俗的例子：从前，我们只能用肉眼看东西，一些细节可能看不清楚；后来，我们发明了显微镜、望远镜等工具，可以帮助人类观察物体，看见之前看不见的细节。科学表征技术的进步，能让我们能更深入地了解微观世界和宏观世界。

科学表征就是人们用来分析和描述各种物质和现象的特性，如它们的结构、性质和变化。当前，扫描透射电子显微镜（STEM）、原子力显微镜（AFM）、冷冻电镜（Cryo-EM）、X射线衍射软件（XDS）等表征工具在物理、化学、生物等领域发挥着重要的作用，为研究者提供了大量高精度、高分辨率的实验数据[1]。表征工具的应用与精细数据的积累，有助于揭示事物背后的规律和机制，推动科学的发展和创新。

2. 人工智能的发展推动科研数据加速积累

2023年《自然》期刊发表的综述文章 *Scientific Discovery in the Age of Artificial Intelligence* 提到，随着实验平台收集的数据集的规模和复杂度不断提升，人工智能在科研数据的辅助收集中发挥着越来越重要的作用，这些作用主要体现在数据选择、数据标注、数据生成和数据改进四个方面。下面对AI在这四个方面的作用进行解释。

---

[1] 参见2023版《科学智能（AI4S）全球发展观察与展望》。

（1）AI 与数据选择

在很多科学实验中，需要对大量的数据进行有效的筛选。在传统方法的框架内，完成这样的任务往往费时费力，而利用人工智能很容易就可以完成这样的任务。一个典型的例子是新材料的计算设计与筛选。在材料科学领域，研究人员通常希望找到具有特定性能和功能的新材料，以满足不同的应用需求，如电子器件、能源存储、催化剂等。传统的实验方法费时费力，且不一定能够覆盖大部分化学组合和结构，而人工智能可以在新材料的计算设计与筛选过程中发挥积极的作用。除了在材料科学领域，在生命科学领域，药物研发的高通量筛选 AI 也能发挥类似的作用。在药物研发过程中，研究人员需要对大量的化合物进行筛选，以找到可能对某种疾病具有治疗潜力的药物分子。传统的高通量筛选方法会产生大量的生物活性数据，而大多数化合物在初筛中可能不会明显地表现出生物活性。如果能运用人工智能手段辅助进行数据选择，就可以减少实验资源和时间方面的浪费。

除了大规模数据的筛选，人工智能在科研中的主要应用场景还有异常检测。如果说大规模数据筛选是从海量数据中找出我们想要的结果，那么异常检测就是从海量数据中找出我们不想要的结果。例如，高能物理领域的粒子碰撞实验每秒会生成超过 100TB 的数据，而其中只有很少一部分是与研究目标有关的。在这样的情况下，研究人员可以使用人工智能手段辅助进行数据选择，以实时的或接近实时的方式从庞大的数据流中快速找出不需要的信息并将其丢弃。不过，与这种丢弃不需要的信息的应用场景相比，更常见的应用场景是利用 AI 探测极少数会造成重大影响的缺陷信息，半导体芯片制造中的缺陷检测就是一个典型例子。在芯片的制造过程中可能会引入多种缺陷，如晶体缺陷、金属污染、界面不良等，这些缺陷可能会影响芯片的性能和可靠性，而利用人工智能手段可以对缺陷进行有效的探测。

(2) AI 与数据标注

在科学研究中，常常需要使用有标注的数据来训练模型，但在很多情况下，获得符合要求的数据是非常困难的。借助人工智能的方式，我们可以在仅有少量有标注数据的情况下完成剩余数据的自动标注工作。以经典的半监督学习为例，常见的标注方法是伪标签和标签传播。下面通过一个简单的示例来说明这两种方法的工作原理。

假设你是一名环境科学家，负责监测河流的水质。你采集了一些水样，然后对其中一部分进行了详细的化学成分分析，得到了水样中某些污染物的浓度数据。现在，你希望预测未测水样中污染物的浓度，以便更好地了解水体的状况。你打算采用以上两种方法，操作过程如下：

- 伪标签：使用已测水样的化学特性数据训练一个机器学习模型，然后用这个模型预测未测水样中污染物的浓度，并把预测结果直接作为未测水样的化学特性数据（未标注数据）的标签。
- 标签传播：根据已测水样与未测水样的相似度，推断未测水样的化学特性数据的标签。

除了以上方法，《自然》期刊的综述中还提到可以使用主动学习的方法，即根据已有数据和模型的预测结果主动选择一些水样进行进一步分析。这样做可以帮助我们确定那些最有必要进行标注的数据点，从而进一步降低研究成本。

这类方法的出现意味着：在科学研究中，只需要使用少量的专家标注数据，或者遵循一定的专家标注规则，就能获得和过去投入大量人力和物力之后同样出色的实验结果。在这方面，人工智能所提供的帮助，不仅让研究工作更高效，也确保了研究工作的质量。

（3）AI 与数据生成

在科学研究工作中，研究人员不仅需要有标签的数据，更需要优质的数据，特别是在将深度学习方法应用到科学研究工作中时。深度学习需要大规模、高质量、多样化的数据来提升训练效果。为了让 AI 表现得更好，科学家常常采用自动数据增强、深度生成模型等方法来扩充训练数据集，让 AI 在学习过程中获得更多的信息。

我们认识一下"自动数据增强"。自动数据增强是一种可以让人工智能数据集更加多样化的技术，类似于在科学研究中进行不同类型的实验，通过对现有数据进行微小的变换创造出新的数据样本。例如，在气象研究中，科学家可能拥有一系列气象观测数据。使用自动数据增强的方法，科学家可以对这些数据进行调整，生成模拟气象事件，从而使 AI 更好地理解各种气象事件，提供更准确的气象预测数据。

深度生成模型是另一种有趣的方法，可以让 AI 创造出全新的图像和数据，生成对抗网络（GAN）就是一个典型例子。例如，科学家可能需要更多的粒子碰撞事件图像，以便更深入地研究宇宙的奥秘。使用 GAN，可以让 AI 生成逼真的粒子碰撞事件图像，虽然这些图像中的事件未曾真实发生，但这些图像仍能为科学研究提供有用的信息。不仅如此，GAN 在其他领域也有广泛应用，从病理切片、胸部 X 光片等医学图像，到材料科学中的三维微结构，甚至是蛋白质的功能和基因序列，GAN 都能生成逼真有效的数据。可以说，GAN 为科学家打开了一扇通往虚拟世界的门，让他们可以进行更多的探索。

（4）AI 与数据改进

除了生成数据，科学家获得了某些难以获得的数据之后，还需要对数据的质量进行改进，改进的重要方向包括提高精度和去除噪声。

关于提高精度，许多物理量的测量需要借助相关的精密仪器来完成，任何微小的精度提升都意义重大。例如，在黑洞观测这种对宏观世界的研究工作中，可以借助 AI 提高测量分辨率，帮助我们看到以前无法想象的细节。再如，在活细胞观测这种对微观世界的研究工作中，可以借助 AI 提高活细胞图像的分辨率，帮助我们更好地探究生命的奥秘。用于实现这些目标的最典型的技术之一就是深度卷积，它能将低分辨率的测量数据转换成高质量的、结构化的超分辨率图像。

另一个应用人工智能实现数据改进的重要方向是去除噪声。由于科研数据中往往混杂着噪声，所以需要借助一定的技术手段将其去除。去噪自动编码器就是一种运用 AI 去除噪声的方法，它的工作方式大致如下：

- 接收一张有噪点的照片，如画面不完整的照片（损坏的照片），将其作为输入。
- 把这张损坏的照片"缩小"成一个简单的版本，在这个版本里只保留其最重要的特点——就像把彩色照片转换成黑白照片之后，关注点变成了照片中物体的轮廓。
- 把这张"缩小"的照片恢复成回原来的尺寸，并把噪点部分补上，就像把照片上损坏的部分重新"画"出来。

这样，一张去噪的照片就出现了。

利用去噪自动编码器等人工智能方法，能够从存在问题的数据中找出有用的信息并把缺失部分"补全"，使数据变得更准确、更有用。

第 3 节　算法：理论模型的实践和落地

算法也是 AI for Science 的核心要素之一。与传统方法相比，机器学习等人工智能算法模型能更好地处理高维问题，为维度灾难问题提供破局之法。目前，以深度神经网络为代表的机器学习算法已在众多科研领域发光发热。此外，伴随着 2022 年年底 ChatGPT 的推出，大语言模型开始走入各行各业，其在科研中的应用价值也初见端倪。本节将从机器学习算法促进维度灾难问题的解决、大语言模型带来全新的科研机遇两个方面介绍人工智能算法是如何推动科研从理论走向实践的。

1. 机器学习算法促进维度灾难问题的解决

我们知道，科学研究从理论走向实践的核心难点是维度灾难问题，其产生原因是"多尺度效应"[1]。多尺度效应是指在一个系统或问题中存在多个尺度或层次的特征，而且，这些特征相互影响，不同尺度的特征在系统或问题的不同范围内起作用。

---

[1] 参见 2023 版《科学智能（AI4S）全球发展观察与展望》。

以研究化学反应的场景为例，假设你正在研究一种新型能源的产生方式，它涉及很多分子的相互作用，而在微观层面，每个分子的状态和位置都不同，这些因素导致了一个复杂多维空间的形成。使用传统方法在多维空间中寻找最佳条件，就像在沙堆里找针一样困难，无论是计算难度还是计算成本都非常高。

机器学习算法则可以有效地应对这些问题，原因在于它具有强大的逼近能力和适应性，能够学习和表示复杂的函数关系。所谓"机器学习"就是一种让机器模仿人类学习方式的算法。就像我们通过观察和学习来理解复杂问题一样，机器学习模型从大量的数据中学习模式和规律，从而理解问题的本质。

在众多机器学习算法中，深度神经网络在科研领域得到了广泛应用并发挥着重要的作用，对许多问题都有良好的逼近效果。神经网络使用数学方法模拟人类的大脑神经网络。就像我们的大脑由许多神经元连接而成并用于处理信息一样，神经网络是由许多被称为"神经元"的小单元组成的，它们合作理解这个世界中的信息与数据。深度神经网络则通过具有一定深度的层次结构进一步提取和学习复杂的深层特征。想象一下，你正在看一张照片并想要寻找照片上的一个物体，这时，大脑神经网络中不同层次的神经元就开始工作了，浅层的神经网络可以提取表层的纹理特征，深层的神经网络可以提取高维度的抽象特征，大脑将这些特征拼接起来，最终找到想要寻找的物体。深度神经网络的模型训练就像教小孩子认识物体一样，我们给它展示大量不同的照片，让它逐渐学会辨别物体的特征，通过不断调整网络中的连接和参数，它会变得越来越擅长辨认物体，甚至能够在新的照片中找到已经认识的物体。

在深度神经网络的算法运行过程中,每一层都可以被看作对不同抽象层次的特征的提取和表示。通过逐层堆叠,深度神经网络可以从最基本的特征(如边缘或形状)出发,逐步构建复杂的特征(如目标物体的形状和结构)。这种层级式的特征提取使机器学习模型能够逐步捕捉问题的复杂性,实现对科学问题的准确逼近。

此外,机器学习模型具有适应性,也就是说,它能够根据不同的数据和情境进行调整和优化。在模型训练过程中,对内部参数的不断调整可以最大限度地缩小预测结果与实际数据之间的差距。这也意味着机器学习模型可以适应各种数据分布和变化,在不同的领域和任务中展现出出色的一面。

2. 大语言模型带来全新的科研机遇

所谓"大语言模型",简单地说,就是一种由计算机构建的巨大的文本处理工具。从文章、书籍,到互联网上的各种信息,大语言模型通过学习海量的文字内容,逐渐掌握了人类语言的结构、语法和语义。大语言模型就像一座巨大的语言图书馆,收录了无数的单词、短语和句子并智能地对这些内容进行组合和应用。与以往的简单程序或规则不同,大语言模型能够根据输入的问题或命令,生成连贯、合理的答案或文本。这就像一场人与机器的对话,机器的回应自然、流畅,让人惊讶。这种能力让大语言模型不仅是一个被动的信息库,还是一个能够进行创造性文字生成的"合作伙伴"。

ChatGPT 是大语言模型应用的一个典型例子,它的早期底层模型 GPT-3.5 就是一个经过微调的大语言模型。GPT-3.5 模型的原始版本

GPT-3 的参数量为 1750 亿，训练数据达 45TB，这也让它在语言处理方面拥有了惊人的能力，可以编写和修改代码、组织文档、撰写报告，甚至能进行数据分析。由于这些技能和科研所需有很大程度的重叠，所以 ChatGPT 这类大语言模型的相关应用完全可以胜任很多科研助理的工作。

2023 年 2 月，《自然》期刊上发表了一篇文章[①]，探讨了研究人员如何看待 ChatGPT 这类大语言模型的科研用途。文章作者采访的很多科研人员表示，他们现在经常使用大语言模型，不仅用它修改论文，还用它进行科研"头脑风暴"，甚至用它编写科研实验代码或者检查、修正代码中的错误。

当然，也有不少科研人员表示，将这类大语言模型广泛地应用在科研中，仍然存在诸多隐患，其中最典型的就是"流畅度高、事实性差"。导致该隐患形成的主要原因是大语言模型的训练依赖于对庞大的文本库的学习，而文本库中往往包含一些谣言、偏见和已经过时的信息。由于训练数据量巨大，所以大语言模型很难在训练阶段发现这些不实信息并退出，而这对科研这个重视事实性的领域无疑是致命的，尤其是大语言模型能够将错误的信息组织成符合人类的逻辑和表达方式的文档，即使在学术论文评审阶段也很难识别这样的文档。不仅如此，在许多缺乏训练语料的偏门学术领域，大语言模型在输出时不会主动承认自己"无知"，而倾向于"瞎编"一个答案。

除了上述问题，大语言模型在科研领域的应用还存在一个致命的问题，那就是在科研这样一个讲究学术脉络的领域，大语言模型常常

[①] 见资料 2-2。

会编造一些看上去十分专业但事实上完全不存在的信息来源，就像《自然—机器智能》（*Nature Machine Intelligence*）期刊发布的一篇关于 ChatGPT 的评论所描述的，"这个工具在事实核查或提供可靠参考文献方面是不能被信任的"。为了合理地将大语言模型应用于科研，研究人员需要具备较高的专业素养，能够及时发现输出中的错误信息并予以更正。

当然，学界也在寻找消除大语言模型的弊端的方法，最简单的方法之一就是要求合理披露在研究工作中使用大语言模型的情况，以便在同行评议阶段合理审查文章中可能存在的错漏。此外，许多学者和公司尝试对大语言模型进行训练与微调，使其更适合科研类任务，并推出了一些方便的工具。例如，针对日常科研工作，发布在 GitHub 上的"中科院学术专业版 ChatGPT"基于大语言模型内置了许多实用的功能，包括学术论文一键润色、语法错误查找、中英文快速互译、一键代码解释、高阶实验模块化设计、项目源代码自我剖析、智能读取论文并生成摘要等，在尽可能规避大语言模型自身问题的基础上，充分发挥其在科研工作中的作用，大幅提升科研工作的效率。

第 4 节　算力：基础设施的持续进步

除了数据和算法，算力也是支撑 AI for Science 发展的一大要素，而算力的发展离不开底层基础设施的不断完善。本节将从算力基础设施的发展历程、AI for Science 基础设施的建设两个方面讲解算力的相关知识。

1. 算力基础设施的发展历程

所谓"算力",字面意思就是计算能力。不谈人工智能,其实人脑就具备一定的算力,在很多日常生活场景中,人们会以口算、心算的方式进行计算。不过,尽管人脑可以处理各种各样的任务,但其算力有限,只要计算工作稍微复杂一点,人类就需要借助专门的算力工具才能完成。从早期的结绳记事,到后来的算筹、算盘,再到现代的计算器和计算机,人类所驾驭的算力的提升,离不开基础算力工具的进步。进入信息时代,随着半导体技术的出现和发展,芯片成为算力的主要载体。在科技发展的推动下,芯片的性能不断提升、体积不断减小,好用的算力工具开始走进千家万户。

然而,这种聚焦于单台设备的单点计算方式并不能很好地满足高速增长的算力需求。于是,一些分布式计算方式开始出现,人们尝试把那些巨大的计算任务合理地分解成许多小型计算任务,交给不同的计算机去完成。进入 21 世纪,云计算作为一种新型分布式计算组织方式得到了广泛应用,人们把零散的算力资源组织起来,形成专门的算力资源池,动态调配算力,用户按需付费,进一步优化了算力的利用模式。我们熟知的阿里云、腾讯云、百度云、华为云都属于云计算的范畴。有了云计算,算力就不再局限于单台设备,整合计算资源的大型数据中心成为算力的主要载体。

步入云计算时代以后,人工智能技术迎来了空前的发展机遇。从芯片技术架构的角度看,常见的能够运行人工智能任务的芯片包括通用芯片、半定制化芯片和全定制化芯片,而诸如类脑芯片这样的小众芯片尚未成为主流。

作为通用芯片的 CPU 和 GPU，相信读者并不陌生。CPU 和 GPU 普遍存在于各种现代电子设备中，二者相互配合可以完成各类人工智能计算任务。CPU 是电子设备的核心处理器和调度单元，它需要实现高速且类型丰富的运算。GPU 是电子设备的批量处理单元，通常只用来完成图形计算和批量计算工作。由于与 CPU 串行执行指令的方式相比，GPU 高并行的结构更适合处理各种与深度学习有关的计算任务，所以，一些文章中提到的 AI 芯片中的通用芯片就是 GPU。目前，英伟达（NVIDIA）公司生产的 GPU 是 AI 芯片市场的主流产品。

除了通用芯片，现场可编程逻辑门阵列（FPGA）可以通过硬件编程改变内部芯片的逻辑结构，但它是深度定制的，只能执行特定的任务。与 CPU 和 GPU 相比，FPGA 具有低能耗、高性能、可编程等特性，但对使用者的要求较高。应用型专用集成电路（ASIC），顾名思义，是为专业用途而定制的芯片，其绝大部分软件算法都固化于硅片中，TPU、NPU 就属于 ASIC 的范畴[①]。当然，为了实现能够适应 AI for Science 的高性能计算，只有计算芯片是不够的，与高性能计算相匹配的存储设备和网络也很重要，它们共同构成了算力底层必不可少的基础设施。

可以看出，随着科技的进步，算力已成为各领域的底层支撑。正如被誉为"人工智能之父"的约翰·麦卡锡（John McCarthy）所言，"有一天，计算可能会被组织成一个公共事业，就像电话系统是一个公共事业一样"。为了让算力的发展适应智能化科研的发展趋势，AI for Science 算力基础设施的建设不可或缺。

---

① 见资料 2-3。

2. AI for Science 算力基础设施的建设

根据 2023 版《科学智能（AI4S）全球发展观察与展望》所述，AI for Science 算力基础设施的建设主要包括 AI for Science 专用芯片建设、异构算力统一调度平台建设两个方面。

（1）AI for Science 专用芯片建设

在计算芯片领域，我们正面临一个挑战：如何在微小到难以置信的尺度下制造通用芯片。然而，聚焦于科研领域就会发现，我们实际上只使用了有限种类的计算方法。可见，针对科研工作涉及的常用计算方法开发的高效专用芯片是推动 AI for Science 发展的利器。

举个例子，模拟分子的运动对研究材料性质而言至关重要，这种模拟通常被称作分子动力学模拟。分子动力学模拟过程不仅涉及大量复杂的数学运算，还需要处理大规模的数据。在传统的计算机芯片上完成此任务，可能会遇到"内存墙"问题，即处理器速度和内存访问速度不匹配，导致计算速度下降、耗时增加，同时也会形成较大的功耗。然而，如果有一种专门用于进行分子动力学模拟计算的芯片，情况就会有所不同。这种专用芯片可以优化处理特定的计算任务，使计算速度大幅提升、能源消耗降低，并将助力新材料研发、药物筛选等领域的科学研究。

（2）异构算力统一调度平台建设

AI for Science 的实际算力应用，涉及生命科学、材料科学、能源科学、电子科学、环境科学等多个学术领域，以及 CPU、GPU、FPGA、

ASIC 等多种算力硬件。面对不同的计算需求，如何高效地在多种异构计算资源之间切换和调度任务，已经成为一个无法回避的挑战。

为了应对这一挑战，需要强化异构算力统一调度平台。异构算力统一调度平台的目标是根据科研任务的特点和要求，将任务智能地分配到不同类型的计算硬件上，从而实现计算资源的最优配置。举例来说，在生物学领域，基因组测序是一项耗时且计算密集的工作。基因组测序过程涉及从生物样本中提取 DNA 或 RNA 序列，并通过高通量测序技术获取大量的测序数据。研究人员需要在基因组测序过程的不同阶段（如数据质量控制、序列比对、变异检测等）处理这些数据，而不同的阶段对计算资源的需求是不同的。

一个符合需求的异构算力统一调度平台，在处理这类基因组测序任务时，首先会根据任务的类型和优先级将数据分配到合适的计算节点，如对于数据质量控制阶段需要进行的大量写入/读取操作，可将操作任务分配给适合写入/读取密集型数据的 CPU 来完成。接下来，在序列比对阶段需要进行大量的并行计算，可将计算任务分配给适合处理并行计算任务的 GPU 节点来完成。最后，对于变异检测这种高度优化的任务，可使用适合加快定制化计算的 FPGA 或 ASIC 节点来完成。异构算力统一调度平台会根据任务的特点和计算资源的使用情况，自动将任务调度给不同的硬件节点，实现资源的最大化利用。

不同类型的计算任务，除了对算力硬件的要求不同，对计算环境的要求也不同。我们还是以基因组测序工作为例，在全基因组组装任务中，因为需要同时处理大量基因序列片段，所以需要在多个计算节点之间进行数据的传输和交换，以保持计算的同步，在这种情况下，网络的高速连接尤为重要。而基因组测序工作中那些只需要在短时间内处理一些样本数据的简单任务，由于不需要在多个计算节点之间频繁进行数据交换，所以更适合在弹性的、资源丰富的云环境中运行。

算力调度的权衡不仅涉及任务层面，还涉及任务对获得计算结果的时间（紧迫程度）要求。以环境科学中的一个典型应用为例，在实现气候模拟的过程中需要处理海量的气象数据并进行复杂的预测。这些任务对算力的要求很高，尤其是对自然灾害的预测，需要在相对短的时间内得出结果。通过异构算力统一调度平台，科学家可以将不同时间尺度的模拟任务分配给合适的硬件，从而更准确地预测气候变化的趋势。例如，科学家可以按照不同的时间尺度（如小时级、日级、年级等）划分气候模拟任务，然后根据任务的紧急程度和优先级选择合适的计算节点进行模拟。对于短时间尺度的模拟，可能更适合在GPU节点上进行，以提高计算速度。由于长时间尺度的模拟可能需要使用大规模的计算集群，所以通常在高性能计算环境中运行。算力的动态调度可以确保优先级较高的任务能够获得较充足的计算资源，以便更快地获得模拟计算结果。

综上所述，构建异构算力统一调度平台，不仅能够满足多样化的计算需求，还可以根据任务的特点灵活地分配资源，这不仅有助于科学家更高效地开展研究工作，还能加快科学的发现和创新。异构算力统一调度平台的潜力在于能够优化利用计算资源，为不同领域的科学研究提供支持。

第 3 章　AI 与材料科学

在人类文明的演进史里，材料始终像基石一样发挥着重要作用，绚丽夺目的服装、高耸入云的楼宇、风驰电掣的高铁、复杂精密的航空发动机等都是由不同的材料组合而成的。对个人而言，材料的使用影响着我们的衣食住行，给我们的生活带来了极大的便利；对国家和社会而言，新材料与信息、能源一起被称作 21 世纪的三大支柱产业，是国家科技创新战略必争的技术高地。如今，在人工智能的发展浪潮中，材料科学这个对个人和国家都十分重要的科学领域也迎来了全新的发展机遇。本章将为读者展示 AI 驱动材料科学研发的全貌。

第 1 节 "AI+材料科学"的发展背景

材料是人类用来制造机器、构件、器件和各种产品的物质,小到家具的螺丝、衣服的布料、巧克力的可可脂,大到火箭的涂层、飞机的外壳、高铁的车轮,都属于材料的范畴。从石器时代到青铜时代、铁器时代,再到农业时代、工业时代、信息时代,人类文明的进步,以及生产和生活方式的变化,都与材料的发现和革新息息相关。

材料科学研究的就是材料的组织结构、性质、生产流程、使用效能及它们之间的关系,它是一门与工程技术密不可分的应用科学。作为现代科技和工业发展基石的材料科学,在新一轮科技革命浪潮中如何革新研究方法、加快研发进程,是各国都要面对的问题。

多位学术专家给出了这个问题的参考答案。鄂维南院士认为,人工智能驱动的科学研究是一场正在发生的科技革命,它不仅会带来科研范式的变革,催生新的产业业态,而且在此背景下,创新也更容易发生。中国科学院徐红星院士的观点是,材料科学涉及的材料种类和数据特别多,人工智能的介入能够帮助大幅提高处理效率。

在业界也有类似的观点。宁德时代 21C 创新实验室数智化研发中心主任魏奕民表示,多年来宁德时代始终致力于将模拟仿真、大数据、云计算和人工智能嵌入动力电池研发的各个环节,力图实现从材料元素到电池系统产品的多尺度、全方位理性设计。

在学界和业界的共同推动下,人工智能技术驱动的材料科学研发正在蓬勃发展。人工智能技术加快了材料研发模式的革新,为材料科学的进步带来了新的机遇。

1. AI 对材料研发模式的革新

要想理解人工智能对材料科学的巨大价值，必须先了解材料科学的基本情况。从材料发展演进的角度，材料科学可以大致划分为传统材料和新型材料两个领域。

传统材料是指那些人类已经广泛应用且应用历史悠久的材料。新材料是指应用新的科学技术、新的化学成分和新的生产工艺制造出来的材料。按照物理化学属性划分，传统材料大致可以分为以下三类。

- 金属材料：如铜、铝、铁等金属及合金。
- 无机非金属材料：如玻璃、水泥、陶瓷等。
- 有机合成材料：如塑胶、合成纤维等。

随着工业社会的发展，针对传统材料，改进性能、优化合成工艺，从而达到提高研发和生产效率的目的，是我国材料工业未来高质量发展的重要方向。

新型材料使用新概念、新技术、新工艺合成或制备，如碳纤维材料、纳米材料、超导材料等，具备性能强、功能多的特点。新型材料是高端制造业的基础，对推动技术创新、支撑产业升级、建设制造强国具有重要战略意义。

无论是传统材料还是新型材料，当前的主要研究方法都是试错实验，即利用现有的关于材料的理论和知识经验，通过调整配比进行多次表征测试和试验，最终找到能够满足需求的材料。有一个我们熟知的故事：爱迪生为了发明电灯，逐一试验了 1600 多种耐热发光材料，终于在 1879 年找到了合适的灯丝材料——碳化竹丝，使电灯的连续使用时间超过 45 小时。电灯的发明极大地方便了我们的生活，也让我们的生活变得更加丰富多彩。

然而,通过试错进行研发的模式,投入高、周期长,很大程度上已经无法满足当前快速发展的工业对材料研发的要求。据统计,目前一种材料从研究开发到形成商用产品的平均周期约为 18 年,开发一种用于航空装备等的要求较高的材料需要 20～30 年[1]。

近年来,随着以机器学习为代表的人工智能技术飞速发展,人工智能不仅在图像识别、自然语言处理、数据挖掘、机器人等领域得到了实际应用,还逐渐向材料科学研究领域渗透。

"能不能在现有数据库平台的基础上,通过数学计算、材料的原理来预测要达到某种材料所需要的组成,然后再通过实验进行合成,并检测是否符合要求?"冶金分析表征专家、中国工程院院士王海舟曾在接受《中国科学报》的采访时这样表示[2]。简单地说,科研人员基于大量与材料有关的数据,建立材料成分、工艺、微结构、性能之间的内在联系,然后根据材料的性能要求,利用人工智能等算法设计符合要求的材料微结构、预测并优化材料合成成分与生产工艺、进行模拟仿真,最后通过实验对结果进行验证。

这种计算模拟和理论预测在前、实验验证在后的研发方式,孕育了"AI+材料科学"创新研发模式,加快了材料研发过程、降低了材料研发成本。它与现行的以经验和实验为主的材料研发模式相互补充,已成为推动世界材料产业创新发展的重要力量。

---

[1] 见资料 3-1。
[2] 见资料 3-2。

2. "AI+材料科学"的推进器：材料基因工程

从世界范围看，"AI+材料科学"创新研发模式的推广离不开材料基因组工程的推动。科研人员先根据材料大数据建立成分、工艺、微结构、性能之间的内在联系，再结合对性能的要求，利用人工智能算法设计出符合要求的材料微结构、预测并优化材料合成成分与生产工艺、进行仿真试验验证，这是人工智能与材料科学创新相结合的路径，也是材料基因组计划的研发思路。这种思路也得到了全球材料科学家的响应。[1]

美国是率先提出材料基因组计划的国家之一。材料基因组计划的相关政策由来已久，早在2001年，美国能源部就提出了"高级计算科学发现项目"，旨在开发新一代科学模拟计算机。在随后的两年里，美国国家研究委员会围绕美国国防部对材料和制造方面的要求开展相关研究工作，并推荐将计算材料设计作为投资的主要方向。

2011年，美国总统奥巴马正式宣布实施材料基因组计划，旨在通过高通量计算、制备、检测和数据库系统，提高新材料的研发速度，以实现"2X faster & 2X cheaper"（提高研发速度并降低成本）的目标。该计划旨在维护美国在核心科技领域的优势地位，并在全球竞争中保持美国的国力优势，被认为是美国自建国以来的第四个重大科研计划——类似于曼哈顿计划、阿波罗计划、人类基因组计划。

2021年11月，美国国家科学技术委员会（NSTC）发布了2021版《材料基因组计划战略规划》。随后，该计划吸引了大量资金，不

---

[1] 见资料3-3。

再局限于少数联邦机构（如能源部、国防部、国家科学基金会、商务部的国家标准与技术研究院），而是得到了全美大学、企业、专业团体和科研人员的广泛参与，在多方力量共同努力下推动材料科学及创新领域的发展[1]。

在美国提出材料基因组计划的同时，欧盟也进行了相关布局。欧盟的布局源自 1984 年起持续实施的"研究、技术开发及示范框架计划"。该计划是欧盟成员国和联系国参与的中期科技计划，旨在维护欧盟在全球某些科技领域的领先地位，并在欧盟第七框架计划中明确了轻量、高温、高温超导、热电、磁性和热磁、相变记忆存储六个关键合金材料领域的需求。2011 年，欧盟以高性能合金材料需求为牵引，启动了第七框架计划下的"加速冶金学"（ACCMET）计划，采用高通量组合材料实验技术，以提高发现和优化更高性能的合金配方的速度，将通常需要 5~6 年的研发时间缩短到 1 年以内，同时，确定了 17 个未来的材料需求和 50 个跨行业的冶金研究主题，研究时间为 2012—2022 年，推动了冶金和新一代材料的研发进程。

除了美国和欧盟，我国也在材料基因组方面开展了一系列的研究工作。中国科学院和中国工程院于 2011 年年底召开了以"材料科学系统工程"为主题的 S14 次香山科学会议，多位院士在会议上提出，我国应尽快自主建立以高通量材料计算模拟、高通量组合材料实验、材料共享数据库为基础的材料基因组计划平台。2012 年 12 月，由中国工程院领衔的"材料科学系统工程发展战略研究—中国版材料基因

---

[1] 参见《材料基因工程——材料设计、模拟及数据库的顶层设计》一文，作者为吴苗苗、刘利民、韩雅芳。

组计划"重大项目启动[①]。2015年，依据国务院《中国制造2025》、科技部《国家关键技术研究报告》、中国工程院《材料系统工程发展战略研究—中国版材料基因组计划咨询报告》，国家发展和改革委员会、教育部、工信部、中国科学院、中国工程院等联合编制了《材料基因工程关键技术和支撑平台重点专项实施方案》，全面启动了"材料基因组研究"专项研究计划，先后确定了30余个重点研发方向。2019年，中国材料与试验标准化委员会（CSTM）材料基因工程标准委员会发布了全球首个材料基因工程数据通则，为全面推广材料大数据模式奠定了基础[②]。

材料基因组工程的相关研究受到了包括中国、美国、欧盟等在内的世界主要经济体的重视，成为多国科技领域的国家战略，得到了广泛的政策、资金、研发力量支持，"AI+材料科学"创新也成为当今世界材料科学与工程领域最前沿的研究方向之一。

第2节 "AI+材料科学"的落地应用

"AI+材料科学"创新已在全球传统材料和新型材料领域得到了广泛应用，材料研发模式进入了新阶段。本节将对材料科学领域的常见人工智能应用进行解读。

[①] 参见《美欧材料基因工程技术政策对比及其启示》一文，作者为万勇、冯瑞华、王桂芳。
[②] 参见《"NASA材料基因工程2040规划"研究与思考》一文，作者为高鸿、何端鹏、董礼。

1. 传统材料：金属、有机等材料的开发和应用

材料行业经过多年发展，面临产业升级和战略转型，很多细分领域的研发开始进入"深水区"，而很多科研机构和企业投入重金购买研发设备、招聘研发人员，效果并不明显。"AI+材料科学"创新研发模式有望突破这一瓶颈。

下面介绍一些 AI 辅助金属材料、有机材料研发创新的案例。

在金属材料方面，虽然全球钢铁、铝产能过剩，很多企业面临倒闭，但高性能记忆合金、高强度合金等高端金属材料供不应求，其主要原因就是研发难度大、投入高。树脂等材料也面临与金属材料类似的问题。

就国际产业动态而言，已经出现了一些 AI 帮助传统材料企业实现技术转型升级的实例。例如，美国的材料科技公司 Citrine 开发了一个企业级材料信息学平台"Citrine 智能材料平台"。这个平台可以快速检索并分析多达 1150 万种粉末和纳米颗粒的组合。Citrine 公司与美国 HRL 实验室合作，在 Citrine 智能材料平台的支持下，采用材料信息学方法，成功研发出了一种高强度的铝合金粉末材料，研发周期从通常情况下的数年缩短到数天，展示了材料信息学和人工智能技术在材料科学领域的应用实效。目前，这种材料已经被美国宇航局采购并使用。[①]

[①] 见资料 3-4。

除了产业实践，学界也有不少相关探索。例如，得克萨斯 A&M 大学的科研团队使用了一种名为"人工智能材料选择框架"（AIMS）的计算工具，结合实验数据，成功地发现了一种新的形状记忆合金。这种特殊的合金在经历高温循环时表现出了高效率和卓越的循环稳定性，该研究成果被发表在 Acta Materialia 期刊上[1]。AIMS 框架为科学家提供了使用机器学习技术寻找具有特定性质的化学物质的机会，为未来的材料科学研究提供了新的可能性。

除了形状记忆合金，AI 也参与了金属玻璃这类未来合金的研究创新。在适当的条件下，金属玻璃会比钢材更坚固、更轻便，同时具有更高的耐腐蚀性和抗磨损性。然而，在过去数十年里，研究人员评估了数百万种可能的成分组合，其中只有极少数能够在实际环境中应用。一个由美国能源部下属的 SLAC 国家加速器实验室、美国国家标准与技术研究院（NIST）和西北大学的科学家领导的研究小组，使用一种结合了机器学习的系统快速筛选了数百种样品材料，发现了 3 种新的混合金属玻璃成分。这一新方法的研发速度比传统方法提高了上百倍。[2]

与此同时，人工智能技术对一些与国家科技战略方向高度相关的有机复合材料研究工作也有很大的帮助。兼具高强度、耐高温、轻质化、功能化的先进树脂基复合材料是解决航空航天等领域先进装备制造难题的关键。在我国，华东理工大学林嘉平教授团队利用其开发的高分子材料基因组研发平台"AI plus 高分子软件平台"，研制出了一

---

[1] 见资料 3-5。
[2] 见资料 3-6。

系列先进的复合材料基体树脂,如耐高温、易加工的硅萘炔和硅芴炔树脂,以及耐高温、高韧性的新型聚硅炔酰亚胺树脂等。这些树脂材料在航天航空领域有广泛的使用前景。①

2. 新型材料:纳米、超导等材料的发现

除了传统材料的研发,新型材料的研发也处于"无人区",而由于科研机构、企业需要自主探索研发路径,所以创新难度不断增加。以机器学习、深度学习等为代表的人工智能技术,能够帮助研发人员高效地计算和预测新型材料的性能、结构和相互作用,减少传统研发方式所需试验次数并缩短研发时间。

新型材料具有特殊的物理化学性质。例如,纳米材料难以单纯凭借肉眼和手工观察和操作,其表征需要通过透射电子显微镜观察,相关加工操作则需要在高分辨率显微镜下进行。超导材料研发的理论依据较少,实验的难度和成本相对较高,而通过人工智能技术进行模拟设计和甄选,能在一定程度上将科研人员从试错实验、劳动密集型表征任务中解放出来。

下面列举一些 AI 辅助纳米材料、超导材料、碳纤维材料创新研发的案例。

纳米材料具有尺寸效应、量子效应等独特的物理化学性质,被广泛应用于医学、电子科学、材料科学等领域。人工智能技术可以为提高新型纳米材料的开发速度提供帮助。英国格拉斯哥大学化学学院 YIBIN JIANG 团队概念化并开发了一个用于纳米材料自主智能探索

---

① 见资料 3-7。

（AI-EDISON）的系统，其中包括一个完全自主的闭环合成机器人。这个机器人结合了最先进的人工智能算法和消光光谱模拟引擎，仅进行了约 1000 次实验就发现了 5 种纳米粒子材料。[1]

与纳米材料研究相比，超导材料研究面临的问题更加严峻。超导体通常在极低温下才能表现出超导性，而这限制了它在实际工程中的应用。由于高温超导的机理尚不明确，所以高温超导材料的研究缺乏足够的理论支持。北京科技大学宿彦京教授团队与合作者在 *Patterns* 期刊上发表了一项重要研究成果，采用材料基因工程的方法揭示了一个关于超导体临界温度的普遍规律。根据这一规律，研究人员可以使用一个能带特征参数来估算任意超导材料的临界温度的上限。[2]

虽然超导材料具有重大的应用价值，但就目前的研究情况看，距离全方位的产业落地应用还有很长的路要走。当然，也有像碳纤维这样落地环境较好的材料。

人工智能有助于更好地解决当前碳纤维材料面临的产业问题。例如，在飞行汽车设计制造方面，碳纤维可用于制造机身和机翼[3]。日本的材料企业东丽株式会社以 2026 年为目标，在名古屋市设立了为飞行汽车等开发材料的基地，利用人工智能技术，面向飞行汽车等开发有助于减轻机身重量的碳纤维材料。同时，东丽株式会社通过把客户要求的重量和强度等条件提供给 AI 进行材料甄选，将开发时间缩短至原来的四分之一左右。

---

[1] 见资料 3-8。
[2] 见资料 3-9。
[3] 见资料 3-10。

第 3 节　"AI+材料科学"的相关技术

在材料科学中，人工智能技术主要与材料基因组计划中的高通量材料计算模拟、高通量材料制备与表征、材料服役行为高效评价、专用材料数据库四大关键技术领域相互结合，为提高材料研发速度提供了新机遇。下面将对 AI 在这四个技术领域的应用进行详细介绍。

1. 高通量材料计算模拟

材料计算模拟基于一定的物理化学原理，利用计算机对特定材料进行原子尺度的建模和计算，研究材料的结构、性质、动力学行为等，使用第一性原理方法进行新材料的设计和筛选，为实验提供理论解释和指导，从而在理论科学和实验科学之间架起一座桥。

材料计算模拟类似于虚拟实验，只不过实验是在计算机上进行的。假设你是一名科研人员，你想寻找一种安全、热值高、容易获取的新型燃料。在传统实验中，你需要制备大量不同配方的燃料并逐一进行燃烧实验，这需要耗费大量的时间和资源；而通过材料计算模拟，你可以让计算机完成这个实验。燃烧的实质是可燃物与氧气进行的快速氧化反应，将燃料类型、燃料的物理化学性质、对应燃点、燃烧化学方程式等知识输入材料计算模拟 AI，就能对燃烧建模，在计算机中完成整个燃烧过程。

所谓"高通量"就是在单位时间内能够分析海量样品。由于高通量计算方法一次可以处理海量的材料计算和分析任务，而这是一个复杂的过程且很难手动完成，所以，我们需要一个自动化的计算程序来高效地运行、管理和监控高吞吐量的计算任务并提供数据存储和分析能力，从而系统地对繁杂的数据工程进行监督，确保其顺利运行。沿用前面的假设：你需要从 100 种可燃物中挑选出适合家庭用的燃料，你搭建了燃烧模型并掌握了这 100 种可燃物的物理性质、化学性质等数据，此时，你就可以通过计算机一次性对全部可燃物的燃烧过程进行模拟计算，遴选出在安全无毒、释放热量高、便于存储等方面综合排名前 5 位的可燃物，最后在实验室中实际点燃它们，进行验证，以选取最佳燃料。对这种需要一次性完成 100 种可燃物筛选的任务，模拟计算过程可能不到 1 秒就能完成，这就是高通量的优势。

人工智能在高通量计算中发挥着重要作用：一方面，可以通过批量自动化计算产生大量的材料数据；另一方面，可以将机器学习方法应用在材料数据上，通过算法模型自动学习和训练，挖掘材料的成分、工艺、结构和性能之间的潜在关系。在设计新材料时，研究人员可以根据所需要的性能对相应候选材料及其合成工艺进行批量计算。例如，中国科学院大学苏刚教授研究团队利用第一性原理贝叶斯主动学习方法发现了具有先进功能的材料。研究人员结合贝叶斯主动学习和高通量第一性原理计算，以极高的效率和准确性，从海量材料中筛选出了具有很高电极化的铁电材料和合适带隙的光伏材料，计算量仅为随机搜索方法的几十分之一。[1]

---

[1] 见资料 3-11。

2. 高通量材料制备与表征

材料高通量制备与表征技术（高通量实验工具）是材料基因组工程的重要组成部分。高通量实验的核心思想是把原有的顺序迭代方法改为并行或高效的串行实验，一是实现大量样品的快速制备，二是对所得样品进行快速结构表征和性能筛选，从而在短时间内绘制出材料的相图，进而研制出性能得到优化的新材料[①]。

打个比方，假设你是一名面包师，负责烤制面包。传统的方法是将一个面团放入烤箱，待烤箱里这个面包烤好才能放下一个面团，这意味着你必须等待一个周期完成才能进行下一个周期的工作。如果采用高通量方法，你就可以同时将多个面团放入烤箱，让每个面团在不同的位置和温度条件下烤制，而且，不需要等待一个面包完全烤好再开始烤下一个，而可以并行执行多个烤制过程，这大幅增加了每小时能烤制面包的数量（在同一时间可以并行烤制多个面包）。类似地，高通量实验也是一种并行方法，它允许科学家同时进行多个实验，从而提高数据收集和研究的效率。

在材料制备方面，通过"AI+传感器"对材料的成分、温度、压力等参数进行实时监测和调整，能够有效确保材料制备过程稳定、可靠。这是在保证"面包的最佳烤制温度和时间"。

在材料表征方面，通过大量收集和标记材料表征图像，并利用所形成的数据集进行深度学习，能够实现对材料表征图像的自动化高通

[①] 参见《材料高通量制备与表征技术研究进展》一文，作者为关洪达、李才巨、高鹏等。

量分析，如对原子或晶格缺陷进行识别与定位、自动标注晶格间距、分类统计材料微观颗粒的真实形态等。这是快速了解"出炉的每个面包是否符合品质要求"。

结合这些方法，你制备的材料就会像面包房里香喷喷的面包一样品质优异了。

3. 材料服役行为高效评价

材料在服役过程中，受光照、热能、机械能、辐照、潮湿等因素的影响，会逐步老化，导致性能下降甚至失效。材料失效不仅会造成巨大的经济损失，还会造成环境污染和资源浪费，甚至可能酿成安全事故、引发各种社会问题。例如，1986年美国挑战者号航天飞机爆炸事故造成7名宇航员遇难，原因就是燃料箱底部的2个密封圈因低温而失效。材料服役性能研究和服役寿命预测，一直是材料科学的研究热点。

传统的研究方式通常会将材料放置在自然环境或人工模拟环境中，进行大量性能试验，并在试验过程中监测材料性能变化情况，据此找出试验条件和材料性能之间的关系，进而预测在服役过程中材料性能的变化趋势和材料的服役寿命。但是，使用这种方法通常需要投放大量的试样，试验周期漫长，无法真实反映实际环境中不同因素之间的协同作用和综合效应，客观性和普适性不足。

使用机器学习模型，可以从大量服役数据中获得各因素相互影响的规律，有效地缩短试验周期、减少试验次数，实现对材料服役性能的精准预测和高效评价。例如，西安交通大学金属材料强度国家重点实验室薛德祯教授团队在 *Journal of Materials Informatics* 期刊上发表的论文《通过贝叶斯主动学习估计材料在其服役空间中的性能：以镁合金阻尼能力为例》，提出了一种基于人工智能主动学习体系的材料性能估计方法，能够对整个服役空间内材料的性能进行预测与优化，并以镁合金阻尼性能为例，成功地实现了应用[1]。

4. 专用材料数据库

专用材料数据库作为材料基因工程的核心技术之一，对于加快新材料的研发至关重要。

数据是进行科学研究的基础，而通过人工智能进行材料研发需要海量数据的支持。大多数的传统材料数据库是为了满足基础数据查询、材料管理、选材的需求而建立的，只存储材料的牌号、成分、结构、性质/性能、服役效能的简单结构关系。基于材料基因工程理念的材料数据库不同于传统的材料数据库，它具有为高效计算、高通量实验提供支撑和服务的能力，可以自动处理和存储海量数据，能借助互联网、云计算等技术通过数据挖掘来收集和积累数据，还能应用机器学习、人工智能等技术进行数据分析和建模，探索新材料、发现新性能等[2]。

---

[1] 见资料 3-12。
[2] 参见《中国材料基因工程研究进展》一文，作者为宿彦京、付华栋、白洋等。

第4节 "AI+材料科学"的产业图谱

新材料产业研发周期长，环境复杂：一方面，我国的"AI+材料科学"产业链尚未成熟，大多停留在实验室阶段，并未形成清晰的产业合作方式，要想打通整个产业链，需要科研机构、AI算法服务商、政府部门等共同努力；另一方面，以深势科技、幻量科技为代表的AI for Science新势力厂商蓬勃发展，技术水平不断提高，其产品已面向众多下游客户并开始走向商用。

本节将以"AI+材料科学"产业链本身及其相关支持性参与方为切入点详细介绍完整的产业图谱，主要包括科研机构、AI算法服务商、算力平台等AI能力支持端，以及模拟计算软件、材料厂商、相关专用数据库等。对于和其他AI for Science领域共通的AI能力支持端，在后续章节中不再重复介绍。

1. AI能力支持端

AI能力支持端主要包括科研机构、AI算法服务商和算力平台。

（1）科研机构

就AI for Science领域而言，无论是哪个"AI+"方向的研究，相关科研院所必然是核心参与者。以材料科学为例，清华大学、华东理工大学、中国科学院等科研院所组成了国内"AI+材料科学"创新科研机构的主力军，它们通过国家重点科研专项、与企业建立合作等方式进行相关研究：材料、化学等专业的科研人员，将人工智能、材料计算模拟软件作为工具辅助科研；人工智能、计算机等专业的团队进军材料科学领域,致力于开发人工智能驱动的材料计算模拟软件等产品。

回顾我国全面推进材料基因组工程相关研究计划的 2016 年,以科技部"材料基因工程关键技术与支撑平台"重点专项为例,其下部署了 40 个重点研究任务,实施周期为 5 年。同年,按照"分步实施、重点突破"的原则,在材料基因工程关键技术和验证性示范应用中启动了 14 个研究任务(如表 3-1 所示)。

表 3-1 材料基因工程关键技术和验证性示范应用中启动的 14 个研究任务[①]

研究任务	牵头单位
先进核燃料包壳的材料基因组多尺度软件设计开发和应用示范	哈尔滨工程大学
低维组合材料芯片高通量制备及快速筛选关键技术与装备	中国科学院上海硅酸盐研究所
高通量块体材料制备新方法、新技术与新装备	中南大学
先进材料多维多尺度高通量表征技术	重庆大学
材料基因工程专用数据库和材料大数据技术	北京科技大学
基于材料基因组技术的全固态锂电池及关键材料研发	北京大学深圳研究生院
环境友好型高稳定性太阳能电池的材料设计与器件研究	北京计算科学研究中心
基于材料基因工程的组织诱导性骨和软骨修复材料研制	四川大学
基于材料基因工程的高丰度稀土永磁材料研究	中国科学院宁波材料技术与工程研究所

---

① 见资料 3-13。

续表

研究任务	牵头单位
基于高通量结构设计的稀土光功能材料研制	中国科学院福建物质结构研究所
高效催化材料的高通量预测、制备和应用	吉林大学
轻质高强镁合金集成计算与制备	上海交通大学
航空用先进钛基合金集成计算设计与制备	中国科学院金属研究所
新型镍基高温合金组合设计与全流程集成制备	中国航空工业集团公司北京航空材料研究院

（2）AI算法服务商

算法是人工智能技术的核心要素之一，其提供方自然是产业中重要的一环。近年来，国内外面向材料科学创新的人工智能企业如雨后春笋，它们基于自身在人工智能领域的技术优势，为传统材料企业提供智能化研发辅助软件平台或技术服务。目前，这些企业虽然处于发展的初级阶段，却有着强大的商业潜力。

美国的QuesTek Innovation公司致力于材料全流程生产工艺的集成计算材料工程（ICME）设计总成，通过对铸造、增材制造、热处理等关键工艺的材料组织—性能演变进行建模和计算，开发出用于航空航天、超临界发电机组、海洋工程结构等领域的高性能新材料。不同于传统的经验试错法，QuesTek Innovation公司的研发核心思路是"大设计、小试验"，即先通过多尺度计算和数据库辅助设计将材料成熟度提升至5~6级，再付诸实验室或工程试验，以大幅提升研发效率。QuesTek Innovation公司已成功应用ICME设计了Ferrium S53飞机着陆架用齿轮钢，并承担了美国空军、海军、能源部的材料研发项目。

在我国，也有多家 AI 算法服务商示范公司。

幻量科技以材料信息学为背景，结合人工智能、计算物理、高通量实验等前沿科技，融合多个领域的数据，为材料企业提供高效能的研发解决方案。幻量科技自主研发的材料信息人工智能和数据管理平台，借助机器学习、高通量计算、高通量实验等技术，大幅提升了材料研发速度；在高维优化方面，帮助用户在短时间内找到最优解；在实验设计上，通过稀疏数据处理和模拟仿真，帮助用户预测配方和工艺参数的可行性和效果；在研发体系上，以数字化、智能化方式帮助用户升级，以显著降低研发成本并提升产品性能。

深云智合基于"AI+自动化"研发模式，高效探索新催化剂和新分子合成，通过高通量干湿实验为新材料、新能源、化工等领域提供新分子合成服务。深云智合推出的 DeepChem 智能合成平台，基于人工智能、计算化学、云计算、智能合成机器人等技术设计目标分子及其合成路径，探索催化剂、溶剂、温度等反应条件对结果的影响，提供了深度分子合成研发能力，并通过自动化合成仪器提供高纯度的样品。除了研发功能，DeepChem 智能合成平台为高等院校、科研机构提供了高效、高性能的计算和云实验服务，助力新材料、新能源、化工、医药等领域的科研成果产出。

（3）算力平台

算力平台是各科学领域应用人工智能的基础，而材料大数据的处理对算力基础设施提出了较高的要求。目前，我国正在打造多个高通量材料计算算力平台。

国家超级计算天津中心依托国家重点研发计划项目"产学研用协

同的高通量材料计算融合服务平台",打造了首个国家级材料基因工程高通量计算平台 CNMGE 1.0。该平台通过高通量计算、流程自动控制、大数据管理、远程可视化、机器学习等关键技术,实现了高并发、跨尺度、自动化的高通量材料计算模拟和材料计算数据管理。

中国科学技术大学超级计算中心与合肥微尺度物质科学国家实验中心材料基因团队等共同建设了高通量量子材料基因库计算平台。该平台共有 78 个计算节点,1872 个 CPU 核心,理论双精度浮点计算能力为 75 万亿次/秒,已被纳入曙光 TC4600 百万亿次超级计算系统进行统一管理。

除了政府部门和高等院校,产业内的相关企业也有类似的探索。腾讯云推出了材料研究平台 MRP,为科研用户提供丰富的计算资源和一站式的材料研究服务。该平台整合了材料计算、数据后处理、项目管理等模块,能够帮助用户提高材料科研数据的计算处理效率。

2. 模拟计算软件

材料学模拟计算软件可以体现材料设计规则和材料设计经验,被用于辅助新材料、新器件、新工艺的研发。与近些年才出现的 AI 算法服务商不同的是,模拟计算软件厂商已经发展多年,分子动力学分析工具、计算相图分析工具、有限元分析工具等已在科研机构和材料企业的研发工作中得到了广泛的应用。不过,传统的模拟计算软件厂商在深度学习等人工智能技术方面的积累相对较少。

当前主流的材料仿真软件以国外软件为主,如 VASP、CASTEP、Quantum Espresso、ABINIT、DMol3、Gaussian、LAMMPS、GROMACS

等。主流材料仿真软件相关情况，如表 3-2 所示。

表 3-2　主流材料仿真软件相关情况

软件类型	软件名称	来源
建模工具与平台	Material Studio	法国
	Gaussian	美国
	Culgi	德国
	MedeA	美国
	MAPS	法国
结构搜索	USPEX	俄罗斯
第一性原理	VASP	奥地利
	Gaussian	美国
分子动力学	LAMMPS	美国
	Altair	美国
	GROMACS	美国
计算相图	Thermo-CAL	瑞典
	Pandat	美国
	FactSage	加拿大
相场	COMSOL Multiphysics	瑞典
有限元	abaqus	法国
	Ansys	美国

目前，我国在材料计算软件、多尺度材料仿真前后处理平台、材料数据库等方面的积累仍旧薄弱，虽然开发了一些材料计算工具软件，但大多数是高校课题组用于学术研究的软件，在商业应用方面尚处于追赶阶段。

鸿之微是国内从事材料学模拟计算软件研发的典型企业之一，主要为高校、科研院所、工业企业提供专业的材料设计和工艺仿真软件，以及高水平的定制化计算解决方案，以帮助用户提升研发效率、优化工艺。鸿之微开发的材料设计和工艺仿真软件涵盖通用材料设计、半导体材料及器件设计和检测分析、锂离子电池材料设计、精细化工材料设计、生物医药材料设计、合金金属材料设计等多个领域。

除了鸿之微，迈高科技的"MatCloud+材料云"也是国内材料学模拟计算软件的典型代表。"MatCloud+材料云"由中国科学院的材料领域相关科技成果转化而来，经过研发团队十余年的打磨，形成了集材料数据库、高通量计算筛选、多尺度模拟计算、人工智能技术、智能实验的"计算、数据、AI、实验"四位一体的材料领域数字化解决方案，可以帮助政府、企业、高校提升研发效能并通过数字化转型提升自身价值。就产品形态而言，"MatCloud+材料云"将材料结构建模（如晶体、分子、表面、界面）、多尺度计算模拟软件（如QE、LAMMPS、VASP）、计算集群、数据库和机器学习一体化置于云端。用户通过网页浏览器访问"MatCloud+材料云"，输入自己的账号和密码并登录，即可开展交互式可视化建模、材料计算、高通量筛选、数据集中存储和管理、可视化、数据挖掘等工作。

3. 材料厂商

材料厂商是指利用矿物、石油等原材料，按照设计好的工艺流程，经过一系列反应，生成新能源、航空航天、家电等行业的下游企业所需的具备特定性能的材料的供应商。下游企业使用这些材料制作电池电芯、航空发动机叶片、冰箱外壳等部件。随着技术的升级，材料厂商为了打破研发投入大、周期长等创新瓶颈，正积极采用人工智能技术革新材料研发模式来提高研发效能，采取的主要方式有自建内部开发平台，以及与 AI 算法服务商、模拟计算软件厂商合作。

以锂离子电池行业为例，这个行业竞争激烈、产品迭代速度快，即使是龙头企业宁德时代，也在尝试将人工智能技术的应用作为切入点，以找寻破局之道。为了突破材料研发环节的瓶颈，宁德时代秉承材料数字化研发理性设计理念，将高通量计算、数据库技术、人工智能前沿方法与材料研发全过程深度结合，与材料计算仿真企业鸿之微联合打造了"智能设计云平台材料计算数据管理系统"。

除了锂离子电池行业，化工行业的材料厂商也有类似的布局。例如，国内化工科技龙头企业万华化学与"AI+化学"研发领跑者国工智能签订了人工智能研发协议，联合进行化工新材料人工智能辅助研发落地，通过研发场景数据和人工智能技术的融合应用，推动万华化学在材料开发和工艺优化等方面向智能化升级。

除了锂离子电池和化工领域，还有很多领域的材料厂商正在采用类似的布局，将人工智能融入其研发过程，进而推动整个材料产业的进步与繁荣。

4. 相关专用数据库

鉴于材料数据具有多源、异构、高维等特点，收集纷繁复杂的材料数据，建立专用的材料数据库，既是实现"AI+材料科学"创新的基础，也是完善"AI+材料科学"产业链的重要环节。国内外知名的材料专用数据库如表 3-3 所示。

表 3-3　国内外知名的材料专用数据库[①]

数据库	所属国家	材料类型	特点
Materials Project	美国	锂电池、沸石、金属有机框架等	数据准确性较高
AFLOW	美国	金属材料等	规模较大
OQMD	美国	钙钛矿材料等	用户可以下载完整的数据库
NIST	美国	几乎涵盖所有材料体系	由百余个子库构成，评估标准严格
MatNavi	日本	聚合物、陶瓷、合金、超导材料等	综合型材料数据库
Atomly	中国	无机晶体材料等	包含超 17 万种无机晶体材料的第一性原理计算结果
MGED	中国	核材料、特种合金、生物医用材料、催化材料、能源材料等	我国最大的材料基因工程数据平台，具有第一性原理在线计算引擎、原子势函数库等功能

在表 3-3 列举的数据库中，美国的数据库主要由高校建立，如 Materials Project 由加州大学伯克利分校的劳伦斯伯克利国家实验室和麻省理工学院等联合组建，AFLOW 由杜克大学组建，OQMD 由西北大学组建。国内的情况与此类似，由高校牵头，在科技部、工信部等的大力支持下，材料科学数据库也在快速建设过程中[②]。

北京科技大学于 2016 年牵头建立的材料基因工程专用数据库

---

① 参见《材料科学数据库在材料研发中的应用与展望》一文，作者为李姿昕、张能、熊斌等。
② 同上。

MGED[①]就是一个基于材料基因工程的思想和理念建设的数据库和应用软件一体化系统平台。截至 2022 年年底，MGED 包含的催化材料、铁性材料、特种合金、生物医用材料数据，以及材料热力学和材料动力学数据库，总量超过 70 万条。

2020 年，中国科学院物理研究所怀柔研究部的科研人员，依托怀柔园区的材料基因组研究平台，与松山湖材料实验室联合开发了具有自主知识产权的世界级材料科学数据库 Atomly[②]。目前，Atomly 已收录超 17 万种无机晶体材料的原子结构、电子结构信息，4 万幅热力学相图，且仍在扩展。

除了前面提到的数据库，国内已建成多个专项数据库和数据平台，包括国家纳米科学中心建立的纳米研究专业数据库、北京科技大学牵头建立的国家材料腐蚀与防护科学数据中心等。尽管这些数据库和数据平台的使用范围相对较小，但它们在特定的研究领域有很强的针对性。

第 5 节　"AI+材料科学"的政策启示

新材料是我国七大战略性新兴产业的重要领域之一，也是制造强国战略重点发展的十大领域之一。作为工业发展的先导，新材料是基础性、支柱性产业，已成为国民经济发展、高端制造业升级的基石。

---

① 见资料 3-14。
② 见资料 3-15。

我国正处于工业转型升级的关键期，很多设备和应用都离不开材料的支撑。大力推广和应用材料基因工程先进技术，通过人工智能加快材料研发模式的范式革新，将有力推动我国材料产业的转型升级和高质量发展。根据我国"AI+材料科学"创新的现状，我们可以从面向"卡脖子"材料开展重点技术攻关和将人工智能技术作为材料基因组工程建设的重要内容两个方面采取行动。

1. 面向"卡脖子"材料开展重点技术攻关

我国在多种核心关键材料方面的竞争力不强、严重依赖进口，如高性能膜材料、半导体材料、显示材料等几乎被欧、美、日等国家垄断。2019 年工信部的调研结果显示，在 130 多种关键基础材料中，我国有 32% 处于空白、52% 依赖进口[①]。

推进"AI+材料科学"创新，不能"撒胡椒面"，而要有针对性，这就需要政府部门进行顶层设计，集中多方资源，在高性能膜材料、半导体材料、显示材料等核心关键领域推进技术攻关。目前我国高度依赖进口的材料如表 3-4 所示。

表 3-4 目前我国高度依赖进口的材料[②]

领域	材料
半导体材料	大尺寸硅片、大尺寸碳化硅单晶/氮化镓单晶、SOI、高饱和度光刻胶、高性能靶材、高纯电子特种气体、湿电子化学品、化学机械抛光（CMP）材料、封装基板等

---

① 见资料 3-16。
② 见资料 3-17。

续表

领域	材料
显示材料	OLED 发光材料、超薄玻璃、高世代线玻璃基板、精细金属掩膜版（FMM）、光学膜、柔性 PI 膜、偏光片 PVA 膜、高性能水汽阻隔膜、异方性导电胶膜（ACF）、特种光学聚酯膜（PET）、OCA 光学胶、微球等
生物医用材料	医用级钛粉和镍钛合金粉、苯乙烯类热塑性弹性体、医用级聚乳酸、碲锌镉晶体、人工晶状体等
先进高分子材料	聚苯硫醚（PPS）、聚砜（PSF）、聚醚醚酮（PEEK）、聚偏氟乙烯（PVDF）、聚甲醛（POM）、液晶高分子聚合物（LCP）等
高性能膜材料	高性能反渗透膜、高通量纳滤膜、MBR 专用膜、陶瓷膜、离子交换膜等
高性能纤维	高性能碳纤维及其复合材料、高性能对位芳纶纤维及其复合材料、超高分子量聚乙烯纤维等
新能源	硅碳负极材料、电解铜箔、电解液添加剂、铝塑膜、质子交换膜、氢燃料电池催化剂、气体扩散层材料等
特种金属	高温合金、铝锂合金、特种高强钢等

2. 将人工智能技术作为材料基因组工程建设的重要内容

自 2015 年我国启动"材料基因工程关键技术与支撑平台"重点专项以来，材料基因组工程经过多年发展，已将人工智能技术融入并作为其建设的重要内容。这一举措在新材料的前沿基础研究、设计与发现、性能优化与提升等方面迸发出的创新火花令人瞩目，也为我国的科技事业赋予了前所未有的动力。

深度学习等人工智能技术已成为材料基因组工程不可或缺的利

器。通过将人工智能技术应用于材料基因组工程,研究人员可以迅速地分析和解析材料的基因组信息,识别潜在的新材料结构。这一突破性应用,在医疗器械、航空航天等领域彰显了人工智能技术在材料基因组工程中的卓越作用。

同时,人工智能技术的崭新应用模式正在重新定义创新的本质。研究人员借助人工智能技术,能够更加精确地预测和模拟材料的性能,设计出满足多样化需求的新材料,这不仅能够提高传统产业的国际竞争力,也为新兴产业的崛起创造了大量的机会。

综上所述,政府部门在材料基因工程方面的布局和规划要与时俱进,将人工智能技术纳入并作为重要建设内容,制定与之配套的人才培养、产学研合作、工程化应用等方面的政策。

第 4 章　AI 与生命科学

近年来，人工智能技术掀起了一场空前的革命，在生命科学领域亦随之出现了持续性的、可裂变的技术爆发。人工智能技术和生命科学研究相互促进，使碳基生命与硅基生命的边界日渐模糊甚至交融，更令人兴奋的是，研究人员能够更好地理解生命的奥秘、开发新的治疗方法，为保障民众健康和福祉做出更大的贡献。本章聚焦于生命科学话题，详细谈谈人工智能与生命科学碰撞出来的火花。

第 1 节 "AI+生命科学"的发展背景

纵观整个生命科学领域,许多细分方向都有与人工智能密切结合的潜力。本节将聚焦药物研发、基因测序与基因编辑、合成生物学这三个与产业落地联系紧密的领域。在这三个领域,AI 对研发模式的革新发挥着重要的作用。

1. AI 催生生命科学研发新模式

AI 催生的生命科学研发新模式,主要包括 AI 赋能药物研发、AI 助力基因测序与基因编辑、AI 支持下的合成生物学。

(1) AI 赋能药物研发

药物作为改善人类健康状况和治疗疾病的重要手段,在我们的生活中有举足轻重的作用。药物不仅能缓解疾病症状,还能有效防止疾病的发展和复发、延长人类的寿命、改善人类的健康状况等。合理地使用药物,人们可以减轻疼痛、恢复健康、提高生活质量,过上更加充实和积极的生活。随着科学技术的进步和医学研究的深入,药物研发和创新已成为新时代生命科学发展的重要方向,在这一方向的突破亦能为人们提供更多的治疗选择。药物研发大致可以分为化学制药和生物制药两个方面,本部分讨论的药物研发侧重于化学制药,与生物制药有关的内容将在"AI 支持下的合成生物学"部分详细介绍。

药物研发过程可以大致分成三个阶段:确认与疾病有关的治疗靶点;找到先导化合物并对其进行优化与迭代;这两步成功完成,即可得到候选药物。除了这些必要步骤,药物研发还涉及对候选药物进行一系列评估，如动物模型研究、临床前研究、临床试验（Ⅰ期、Ⅱ期、Ⅲ期）。这样的流程无疑是复杂且漫长的，也引发了成本高、周期长、效率低等重要问题。不过，这一过程又是必要的——药物研发是一项与大众健康密切相关的系统工程，每款药物都需要研究人员反复进行不同的试验，直到证明其足够安全和有效才能获批上市。一款药物从开始研发到最终上市，通常会耗费数十亿美元和 10~15 年时间，用摩尔定律做类比，药物研发成本的变化趋势符合反摩尔定律，即药物研发成本随时间的推移呈指数增长。

在人工智能的帮助下，研究人员获得了强大的工具和算法，新药的发现速度提高、研发成本降低，深度学习和大数据分析能够帮助加快药物筛选、设计和优化过程，减少传统实验过程需要消耗的时间和费用。这些都为更有效地治疗癌症、糖尿病、心血管疾病等常见疾病提供了帮助。

在全球制药行业的发展浪潮中，我国的很多 AI 制药公司选择了以小分子药物为主的研发方向，目标是提高药物研发效率，以及实现规模化平台制药能力。这些 AI 制药公司大致分为两类：一类是将人工智能算法作为核心技术，辅以各种化合物数据库，用数据驱动新药的发现和设计；另一类以物理计算为核心技术，不依赖数据库中的信息，而是由物理原理和算力驱动新的药物分子的发现和设计，即从最基本的物理定律出发，辅以人工智能技术，对微观世界的分子和原子的运动情况进行计算模拟。目前，在我国已涌现出一批极具代表性的 AI 制药公司。

（2）AI助力基因测序与基因编辑

基因的测序和编辑是现代生命科学领域最具变革性的技术之一，该领域的不断发展使我们能够更深入地了解人类基因组的奥秘。

基因测序通过对DNA或RNA样本的分析来识别和记录其中的碱基顺序（基因序列）。基因测序结果可以为个人和医疗相关人员提供遗传疾病和个人体征的评估信息，如基因突变及提前干预，以及先天体质、特质及潜能分析等。基因测序过程通常包括样本采集、DNA或RNA提取、DNA片段扩增和净化、测序反应、数据生成和分析等步骤。

基因编辑是指通过人为介入修改生物体的遗传信息实现对基因组的精确操控。常用的基因编辑技术有CRISPR-Cas9、转录激活因子样效应物核酸酶（TALENs）、锌指核酸酶（ZFNs）等，它们可以对特定基因进行精确的编辑、修复、删除等，以改变目标生物体的性状或功能。通过基因编辑，可以实现基因治疗、农业改良、基因功能研究等对人类具有重大意义的生命科学应用。

在基因测序与基因编辑领域，人工智能的应用正快速向多个方向发展，并显示出巨大的发展潜力。例如，在基因测序的数据分析、基因编辑的优化和预测等方面，人工智能可以帮助研究人员识别并探索与疾病有关的基因变异，从而为个性化医疗、药物开发过程中的基因筛选提供精准的指导。同时，人工智能为科学家使用基因编辑工具准确、高效地编辑生物体的基因提供了帮助，为精准修复基因缺陷、治疗遗传性疾病等基因编辑相关研究和应用提供了新的途径。此外，在基因编辑过程中的优化和设计、抗原和表位预测及基于代理模型的方法中，人工智能也发挥着重要的作用。

除了研究基因组数据，人工智能还可用于研究转录组、代谢组、蛋白质组等生物学数据。通过整合不同类型的数据，科学家可以得到多组学（Multi-Omics）数据，从而更好地理解基因的功能和基因调控网络，验证基因编辑技术的准确性和特异性、优化基因编辑策略、预测基因编辑的潜在影响和可能引发的副作用。当然，这些都与实施个性化医疗密不可分，对推进生物医药领域的发展意义重大。

（3）AI支持下的合成生物学

合成生物学是一个综合了生物学、工程学、计算机科学等多学科知识的新兴领域，它的主要目标是设计、构建和改造生物系统，从而创造出具有特定功能和性能的人工生物体或生物分子。合成生物学的发展可以使人们更加深入地理解生命的基本原理，也为生物技术和生物医学领域提供了新的应用方法和工具。

在合成生物学中，研究人员常使用基因组编辑、合成DNA、蛋白质工程等方法来设计和构建具有特定功能的生物体。人们可以使用合成生物学的方法改造动物、植物、微生物的基因组，使它们获得新的性状、生产特定的化合物或执行特定的功能。例如，将合成生物学的方法用于生产生物燃料、药物、化学品，可以改良作物的耐旱性和抗病性，甚至设计出新型生物传感器和生物计算机等。

在智能化时代，合成生物学可以与人工智能技术相结合，促使自身进步。合成生物学与人工智能的结合，为科学家和工程师提供了更高的灵活性和效率，使他们能够更好地设计和改造生物系统。例如，结合合成生物学技术，科研人员可以设计新的生物材料、生物传感器和药物。此外，人工智能可以加快合成生物学中复杂生物系统的模拟和优化过程，从而提高生产效率和产品质量。

除了前面提到的，合成生物学与人工智能的结合也促进了生物学研究的进步。使用人工智能算法处理和分析生物学数据，研究人员可以更好地解答基因组、蛋白质相互作用、细胞信号传导等生命科学领域的复杂问题。这种跨学科的合作有助于提高科学发现和技术创新的速度，推动生物学领域的发展。

2. "AI+生命科学"的发展脉络

下面梳理"AI+生命科学"的发展脉络。

（1）药物研发的发展脉络

AI制药是药物研发发展历程的高级阶段。从药物诞生至今，药物研发的发展脉络可以大致分成六个阶段。

在第一阶段，药物发现大多是偶然的或者基于过去的观察和经验实现的，缺少基础理论的支持。在这一阶段，人们主要通过望、闻、问、切的方法观察患者的症状，而由于对疾病的发病机制不够了解，药物的开发依赖于植物和植物提取物。

第二阶段是现代药物发现阶段，人们开始关注药物的化学成分及这些成分在生物体内的作用方式。药物化学的发展帮助人们深入理解药物化学结构与活性之间的关系，通过总结和分析药理活性数据来优化药物化学结构，从而获得更加安全、有效的新药。

第三阶段以高通量筛选技术为主导。高通量筛选技术旨在快速有效地测试大量样本、化合物、生物分子，以发现具有特定性质或活性的物质。高通量筛选技术的应用，帮助科学家突破了药物发现过程中化学合成和筛选方面的瓶颈，大幅提高了筛选效率。至此，高通量筛选成为制药企业广泛采用的一种药物发现技术。

随着生命科学研究的进展，第四阶段更注重药物设计是否合理。在这一阶段，人们对生命体的复杂机理和病理有了更加深入的了解，药物研发人员开始根据已经掌握的药物作用机理和靶点结构，直接设计和优化药物。

在第五阶段引入了计算机辅助药物设计（CADD）。计算机辅助药物研发是一门多学科交叉的新学科，通过计算机模拟和计算药物与受体之间的关系，设计和优化药物的先导化合物。传统的 CADD 主要以基于专家经验总结的理论体系为指导，具有一定的局限性。

目前，第六阶段——人工智能辅助药物设计（AIDD）已取得显著进展，也展现出了巨大的潜力。AIDD 被广泛应用于药物发现、药物设计、虚拟筛选等方面。使用不同的深度学习算法，AIDD 可以预测分子结构、药效活性、毒副作用等属性，从而帮助研发人员筛选潜在的候选药物，提高药物研发的效率和成功率。未来，AIDD 会继续在多个方面推动药物研发的进步，包括但不限于帮助发现新的药物靶点和药物种类，生物学、化学和医学的跨学科交融，以及精准药物治疗。

（2）基因测序与基因编辑的发展脉络

基因测序与基因编辑领域从旧模式到结合人工智能的新模式的跃进，与基因测序和编辑技术本身的发展是分不开的。该领域在过去几十年里有许多里程碑式的突破和进展。

早期的基因测序技术主要依赖传统的 Sanger 法（1977 年），它是基于 DNA 合成过程中的 DNA 链终止反应原理实现的。想象一下：DNA 是一根长绳，基因测序的一个重要任务就是找到这根长绳上的特定部分。该方法采用 DNA 链终止模式，通过应用某种化学物质使 DNA 绳的延伸在特定节点处停止，从而获得不完整的片段。同时，为了找到需要的片段，科学家为 DNA 绳引入独特的标记，然后对这些片段进行分离、排序和检测，从而确定 DNA 的序列。一代测序技术的优点是准确率较高，缺点是速度较慢、成本较高。

二代测序技术是目前广泛应用的测序方法，它基于平行测序的原理，通过将 DNA 样本分割成多个小片段，使用多次循环的荧光标记来识别 DNA 序列和进行测序，从而实现大规模的并行测序。因美纳（Illumina）公司的测序平台就是常见的二代测序平台。二代测序技术的特点是高通量、高速度和低成本，能够生成大量的测序数据。

三代测序技术是近些年快速发展起来的新一代测序技术，它的主要特点是能够直接读取单个 DNA 分子的完整序列而无须进行片段化和扩增。三代测序技术发展迅猛，测序读长先从长到短，再从短到长，测序通量越来越高，推动了基因组学的研究。目前，高通量测序技术趋于成熟，已广泛应用于科研和临床疾病诊断中，三代测序技术则主要应用于科学研究中。常见的三代测序平台包括 Pacific Biosciences 公司和 Oxford Nanopore Technologies 公司的测序平台，它们基于不同的原理工作，如单分子实时测序、纳米孔测序。三代测序技术具有高通量、快速、长读长的优势，能够提供全面的基因组信息。

与基因测序相伴发展的是基因编辑技术。传统的基因编辑方法包括诱变和转基因，但它们的精度和效率存在一定的局限。2002 年，

ZFNs技术首次成功应用于基因编辑。ZFNs通过特定的锌指蛋白结构与DNA结合，以引导的方式实现了精确的基因编辑，但相对复杂的设计和构建过程限制了它的应用范围。2010年，TALENs技术被开发出来，它与ZFNs类似，都利用蛋白结构与DNA结合的方式进行基因编辑。与ZFNs相比，TALENs的灵活性更强、设计和构建过程更简单，并因此成为基因编辑领域的重要工具。2012年，CRISPR-Cas9技术的引入彻底改变了基因编辑的局面。CRISPR-Cas9利用CRISPR序列和Cas9酶精确定位基因组中的特定位置并进行基因序列的添加、删除或修改，这种技术的革命性突破使基因编辑更加简单、高效和经济可行。研究人员和科学家已经成功利用CRISPR-Cas9技术在植物、动物和人类细胞中进行基因编辑，以便对基因的功能、疾病的机制和生物体的改良情况进行研究。

然而不得不提的是，基因编辑引发了一系列伦理和道德问题，如修改人类胚胎基因组是否为道德所接受、基因编辑是否会导致不可预测的后果等。因此，在基因编辑的相关应用中，需要仔细考虑并平衡生命伦理、社会价值观和科学发展的关系。

总的来说，基因测序和编辑在过去几十年里取得了显著的进展，基因测序技术的快速迭代使我们能够更好地了解基因组的结构和功能，也为精准医学提供了新的机会。基因编辑技术在经历从ZFNs到TALENs再到CRISPR-Cas9的演进过程的同时，也遇到了不少的挑战。值得肯定的是，技术的进步不仅使基因编辑更加精准、高效和可操作，也为研究人员研究基因功能和治疗遗传性疾病提供了强大的工具。随着人工智能技术的发展，基因测序和编辑将深度受益于人工智能的算法和分析能力。

(3) 合成生物学的发展脉络

不论是早期的生物学,还是人工智能加持下的合成生物学,都和基因编辑有诸多联系。合成生物学的起源可以追溯到 20 世纪 70 年代末 80 年代初,那时科学家开始利用基因工程技术对微生物进行基因改造和重组。这些研究不仅为后来合成生物学的发展奠定了基础,也开启了生物系统设计和控制的相关研究。

随着技术的进步和知识的累积,合成生物学逐渐发展成一个独立的学科领域。21 世纪初,合成生物学开始聚焦于构建人工合成基因组和设计新的生物部件。2003 年,人类基因组计划的成功完成为合成生物学提供了宝贵的数据和资源,并促进了这一领域的发展。在接下来的数年里,合成生物学逐步发展成一种工程化的方法,旨在通过模块化的设计原则构建生物系统。这一方法的核心思想是将生物系统分解成可重复使用的功能模块,通过组合使用这些模块实现特定的生物功能,常见的模块有最初由麻省理工学院合成生物学研究团队提出的、后来被广泛应用在国际基因工程机器大赛(iGEM)中的 BioBrick。BioBrick 部件由具有特定功能的 DNA 序列组成,如启动子、基因、调控元件等,严格的命名和文档化确保了这些部件在不同团队任务之间的一致性和可互换性,团队可以根据需要选择合适的 BioBrick 部件,通过简单的组装方式构建所需生物学系统。

随着时间的推移,合成生物学的应用范围逐渐扩大,研究人员开始利用合成生物学原理设计新的药物、生物燃料、化学品和农业产品。同时,合成生物学为医学诊断、生物计算、信息储存等领域提供了新的工具和平台。如今,合成生物学已成为一个快速发展的领域,吸引了众多来自生物学、工程学、计算机科学及其他相关学科的科学家和工程师。

总的来说，合成生物学的发展历程见证了人类对生物系统的理解和控制能力显著提升的过程，基于人工智能带来的革新和工程化的思想，合成生物学开辟了一条探索和利用生物系统的新道路，为迎接全球性的挑战提供了创造性的解决方案。这种跨学科的科研精神正在推动科学的边界不断拓展，带来了无限的可能性。

第 2 节　"AI+生命科学"的落地应用

本节介绍"AI+生命科学"的落地应用。

1. 药物研发领域的 AI 应用

药物研发领域正在迅速应用人工智能，尤其是在云计算与量子计算、生成式人工智能模型、数字孪生等方面。例如，谷歌云的人工智能工具及量子计算机为药物设计带来了效率的提升，生成式人工智能模型创造了新的分子结构，数字孪生技术借助 AI 模拟药物效应与安全性，等等。这些进展鼓舞人心，展示了药物研发领域与人工智能紧密融合的未来前景。

（1）制药领域的云计算与量子计算工具

针对药物研发的云计算与量子计算工具是当前人工智能与制药领域结合最热门的方向之一。

在云计算方面，谷歌云在 2023 年推出了两款新的人工智能工具，旨在帮助生物技术公司和制药公司加快药物研发并推进精准医学。一款名为 "Target and Lead Identification Suite"（靶标和先导药物识别套件）的工具能帮助研究人员预测和了解蛋白质的结构，从而简化药物研发的首要步骤，即确定研究人员可以关注并设计治疗方案的生物学靶点。另一款名为 "Multiomics Suite"（组学套件）的工具能帮助研究人员摄取、存储、分析和共享大量多组学数据，也就是基因组、转录组、蛋白质组、代谢组等不同类型数据的集合。随着近年来技术的突破与改进，多组学数据让科学家在疾病相关的基因变异等领域有了新见解。谷歌云的 Maniar 表示，这种技术最终可能有助于开发更具个性化的药物和治疗方法。

在量子计算领域，药物发现相关应用的潜力也不容小觑。目前，制药公司通过使用非量子计算工具（如分子动力学和密度泛函理论）进行药物发现中计算机辅助药物设计（CADD）的方法来处理分子，但此方法所依赖的经典计算机存在严重的局限性，如完成准确计算中等大小药物分子的行为这类基本计算，可能需要数十年甚至数百年的时间。在量子计算机上进行辅助药物设计，可以扩大适用 CADD 的生物学机制的范围、缩短筛选时间，并通过消除一些与研究有关的"死胡同"来减少基于经验的开发周期的数量，从而在药物发现阶段节省大量的时间和成本。来自德国维藤/黑尔德克大学的量子计算研究员 Fehring 也指出，量子计算可以模拟分子内的电子、有效地对蛋白质折叠建模并开发新药。在分子水平上，化学物质按照量子物理学的规律运行，它们的相互作用通常涉及今天的超级计算机都无法处理的复杂概率计算。

（2）生成式人工智能制药模型

随着生成式人工智能的蓬勃发展，基于这类模型的药物研发相关研究也进行得如火如荼。生成式人工智能模型使用从训练数据中发现的模式创建新的数据样本，预测新的分子结构或药物候选分子。常见的生成式人工智能模型有生成对抗网络、变分自编码器（VAE）等，如 AlphaFold2、DiffDock、MoFlow、ESMFold、Pocket2Mol。

在药物研发中，蛋白质生成技术可用于探索和设计新的药物候选分子。传统的药物研发通常需要大量时间和资源进行试验和筛选，而蛋白质生成技术结合人工智能技术可以加快药物研发过程。生成具有特定结构和功能的蛋白质序列后，科研人员可以进一步研究其相互作用机制、寻找药物靶点等，从而发现新的潜在药物。

一个相关的著名例子是由华盛顿大学医学院的生物化学家 David Baker 的研究团队在 2022 年设计出的一种名为"ProteinMPNN"的氨基酸序列生成算法。根据 2022 年 9 月《科学》期刊中的描述，该算法的运行时间约为 1 秒，运行速度比之前最好的软件快 200 多倍，计算结果优于之前的工具，且无须专家定制即可运行。David Baker 表示，ProteinMPNN 对蛋白质设计的意义，就像 AlphaFold 对蛋白质结构预测的意义一样。

2023 年 5 月，浙江大学的毛伟安设计的向量场神经网络（VFN）在蛋白质设计方面取得了出色的结果。VFN 的具体结构及建模依赖残基之间用几何向量表征的几何关系。VFN 不仅能与手工设计的几何特征兼容，还有助于发现其他隐含的几何特征。根据 VFN 的训练结果，序列恢复率达 57.1%，比 ProteinMPNN 高 4.7%。

（3）数字孪生制药

数字孪生通过 AI 创建一个虚拟的数字模型来模拟现实世界中的物理系统或过程，将现实世界中的物理实体与其数字模型关联起来，通过实时数据采集和仿真模拟实现对物理实体的虚拟再现和预测。在药物发现与药物测试中，数字孪生技术通过构建药物分子的虚拟模型、对生物体的模拟及药物与生物体相互作用的仿真，预测药物效应和评估药物的安全性。

当前，数字孪生在药物发现与药物测试领域的应用取得了显著的成果。通过数字孪生技术，研究人员能够快速预测药物分子的活性，药物在生物体内的代谢和分布情况，以及药物与生物体之间的相互作用。这种虚拟模拟的方法可以帮助缩短实验时间、降低实验成本，并提供候选药物的初步评估结果，如数字化模拟的患者、数字孪生体及其他与多尺度结构和生理功能有关的数据，以及正在被用于模拟个体患者治疗效果的方法。数字孪生的发展方向包括多尺度建模、个性化药物设计、药物剂量优化等。

2. 基因测序和编辑领域的 AI 应用

在基因测序和编辑领域的科技革命中，人工智能成为加快研究、揭示复杂疾病机理及制定个性化治疗策略的关键要素。从癌症到免疫性疾病，再到衰老和神经科学，人工智能在识别疾病标志物、优化基因编辑和个性化疫苗设计等方面具有潜力。尽管如此，我们仍然需要谨慎处理其中潜在的风险与伦理问题，确保技术应用是安全有效的。

(1)复杂疾病与人体机理的研究

就现有的医学水平而言,探究癌症、自身免疫性疾病这样的复杂疾病,以及衰老和大脑相关功能这样的复杂问题的原理,困难重重,而人工智能与基因测序和编辑的结合为突破这一困境提供了思路。

在癌症研究领域,基因测序和编辑对癌症发生机制的研究、癌症的诊断和治疗具有重要意义。将人工智能应用于基因测序数据的分析,可以帮助识别潜在的致病突变和基因表达变化。人工智能算法可以帮助提高大规模基因数据的处理速度,揭示癌症的驱动因素,并辅助设计针对特定基因突变的治疗策略。另外,人工智能也可以对基因编辑进行优化,以提高编辑效率和准确性。

自身免疫性疾病是一类与免疫系统功能失调有关的疾病。通过基因测序和编辑,研究人员可以深入研究个体的免疫相关基因和免疫调节机制,从而揭示自身免疫性疾病的发病机制,如利用人工智能算法识别潜在的疾病标志物,辅助制定诊断和治疗方案。将基因编辑技术与人工智能技术结合,可以在动物模型中验证基因变异对免疫系统的影响,为治疗策略的开发提供实验依据。

此外,在对衰老的研究中,AI可用于分析海量的基因表达数据,帮助建立衰老标志物和衰老钟,以评估生物学年龄。此外,AI可以帮助了解衰老相关基因的调控模式,揭示衰老机制的细节。基因编辑技术结合人工智能技术,可以在模型生物中研究特定基因对衰老过程的影响,帮助人们加深对衰老的理解。

在神经科学和脑组学领域,AI可以处理复杂的基因测序及表达数据,帮助辨别与神经系统疾病有关的遗传变异和基因表达模式。人工智能算法可以帮助发现与精神疾病有关的生物标志物，促进早期诊断和个性化治疗。基因编辑技术与人工智能技术相结合，可以帮助研究神经系统发育过程中关键基因的功能，有助于科学家深入了解神经系统的复杂性。

不过，基因测序和编辑技术也有一些潜在的弊端，人们对个性化生化武器的担忧就是其中之一。所以，为了防止基因测序和编辑技术被滥用，必须加强监管并采取必要的安全措施。

总而言之，基因测序和编辑技术在多个领域的应用为我们揭示了基因与疾病之间的关系，并为个性化医疗和疾病治疗提供了新的思路和方法。

（2）智能疫苗设计

为了应对新型病毒不断出现并感染人类的问题，智能疫苗设计成为"AI+生命科学"备受关注的应用领域，人工智能算法和CRISPR-Cas9技术的结合则成为设计疫苗的有效途径。

人工智能算法是基于强化学习构建的，它使用代理模型建模复杂系统来加快疫苗的设计过程。免疫系统是由分子、细胞和器官组成的最大、最复杂的相互作用系统之一，代理模型则是模拟免疫系统的行为、测试候选疫苗安全性的最佳技术之一。

CRISPR-Cas9技术就像生物学里的"剪刀和黏土"。科学家可以使用CRISPR-Cas9技术寻找特定的基因，并使用"剪刀"把它们剪掉，然后用一块"黏土"（也就是DNA）来填充被剪掉的部分。这样，科学家就能改变生物体的基因——可能是修复问题，也可能是创造新特性。CRISPR-Cas9技术可用于编辑癌症基因组，结合人工智能方法可以实现快速的生物学和成本效益的计算。

人工智能算法和 CRISPR-Cas9 技术与个性化广谱疫苗的设计有密切的关系。个性化广谱疫苗是一种针对多种病原体或变异株的疫苗，它可以利用个体基因信息和免疫学知识，设计针对特定个体的个性化疫苗，并提供广泛的免疫保护。人工智能算法和 CRISPR-Cas9 技术为个性化广谱疫苗的设计和开发提供了强大的工具和方法。例如，在疫苗研发过程中，科学家使用人工智能算法分析大量的生物信息数据，找到最适合的疫苗靶点，然后利用 CRISPR-Cas9 技术对细胞的基因进行精准的编辑，最终制作出特定的疫苗。可见，将人工智能算法和 CRISPR-Cas9 技术结合起来，可以加快疫苗研发过程，使设计出来的疫苗更加有效且具有针对性。

3. 合成生物学的 AI 应用

合成生物学正在与人工智能相互融合，带来颠覆性的变革。这种融合在无细胞合成系统、类器官和器官打印、AI 食品合成等领域的创新，为合成生物学的发展开辟了新的前景。这些交叉领域的创新，将使合成生物学更加高效和智能。

（1）无细胞蛋白质合成系统

无细胞蛋白质合成系统是一种快速高效的技术，能够在体外合成目标蛋白质。该技术使用外源 DNA 或 mRNA，利用细胞裂解液中的多种酶、底物和能量物质在体外实现蛋白质的合成。这一突破不仅提高了蛋白质合成的效率，还突破了细胞的生理限制。通过整合人工智能算法，科学家可以更精准地设计适合合成的蛋白质序列，从而优化合成过程。此外,人工智能算法可以辅助分析和预测酶、底物和能量物质的最佳配比,以实现更高效的合成反应。作为一个重要的合成生物学平台,无细胞蛋白质合成系统具有可控且清晰的合成步骤,易进行规模化生产,与传统方法相比在成本和效率方面有明显的进步。

目前,国内在此方面深耕的代表性公司是康码生物。康码生物利用无细胞蛋白质合成体系,成功研发了人工合成血红蛋白。由于人工合成血红蛋白不含细胞膜,所以,它既不受血型的限制,又能将氧气和二氧化碳的传输效率提高数十倍,大幅提升了输血的效率。人工合成血红蛋白可以在符合 GMP 标准的车间中生产,不受细胞、病毒、微生物等因素的影响,产品安全、可靠。

(2)类器官和器官打印

类器官和器官打印是合成生物学的一种应用,旨在构建具有特定功能的组织结构和器官模型。通过使用细胞、生物材料和生物反应器等工具,研究人员可以重新组织细胞和组织,模拟和重建人体器官的结构和功能。这项技术在组织工程和药物筛选等领域具有重要意义。例如,宾夕法尼亚大学的生物医学工程实验室开展了类器官和器官打印的研究,利用 3D 打印技术和细胞培养方法,打印出具有特定功能和结构的人工组织和器官模型,为生物医学研究和临床应用带来了新的可能性。

约翰斯·霍普金斯大学的 Thomas Hartung 科研团队在 2023 年 2 月首次提出了"类器官智能"(OI)的概念。他们指出,OI 的应用主要覆盖三个领域。第一,在基础神经科学领域,通过研究 OI 来深入了解神经系统的工作原理。第二,在毒理学和药理学领域,利用 OI 可以更准确地评估药物和化学物质的安全性和效果，进而指导新的治疗方案的开发和应用。第三，在计算领域，OI 的发展将提供更强大、更高效和更节能的计算机形式。OI 的研究潜力巨大，对于实现生物计算具有重要意义。

（3）AI 食品合成

人工智能算法主导的合成生物学技术，不仅可以改良作物、提高作物的产量和品质，还能帮助开发新的食品生产方式。

通过分析大规模的作物基因组数据和农业环境数据，AI 能够识别与作物抗病虫害、耐逆性和产量有关的基因，然后利用基因编辑技术和合成生物学工具对目标作物进行基因改造，使其具有更强的抗病虫害能力、耐逆性和更高的产能。

AI 在精准农业中的应用还包括作物生长监测和管理。通过传感器和图像识别技术，AI 可以实时监测作物的生长状态、营养需求和病虫害情况。基于这些数据，AI 可以提供精准的施肥、灌溉和病虫害防治建议，实现对作物的智能管理和优化。AI 可以结合机器学习算法，根据历史数据和环境变量预测作物的生长情况和产量，帮助农民做出科学的决策。此外，合成生物学和人工智能技术的结合能够辅助设计和优化微生物的代谢途径，提高合成食品的产量和质量。

总而言之，由 AI 主导的合成生物学技术，不仅可以帮助科学家在作物改良、精准农业管理、新型食品生产方面取得突破，也可以在提高作物产量、品质和食品的安全性方面提供创新的解决方案。

第3节 "AI+生命科学"的相关技术

本节介绍"AI+生命科学"的相关技术。

1. 药物研发领域的相关技术

药物研发领域迎来了由计算机科学和人工智能技术引领的革命，计算机辅助药物设计、结构生物学与蛋白质设计、药物组合优化等技术正在重塑药物发现与优化过程，通过模型、算法和高通量筛选加速创新。下面将深入探讨这些关键技术，揭示其原理、应用和发展前景。

（1）计算机辅助药物设计和自动化虚拟筛选

计算机辅助药物设计和自动化虚拟筛选是药物研发的基础技术手段，其主要原理是通过计算机与已知的分子结构和性质，利用计算模型和算法对大规模的化合物库进行筛选，以寻找具有潜在药物活性的化合物。其中，计算机辅助药物设计侧重于通过计算模型和分子设计方法优化已有药物的活性和选择性，自动化虚拟筛选则致力于高通量筛选和新药物发现。

目前，计算机辅助药物设计和自动化虚拟筛选在药物研发中发挥着重要作用。通过计算模拟及与人工智能算法结合的方式，研究人员可以快速筛选和设计大量候选化合物，减少时间和资源成本。该技术在药物发现、药物优化、药物重定位等方面有许多成功案例，如通过虚拟筛选，可以筛选出具有潜在抗癌活性的化合物，从而加快药物研发过程。

计算机辅助药物设计和自动化虚拟筛选有广阔的发展前景和应

用潜力，随着算力和模型精度的提高，二者的协同效应也将进一步得到提升。

(2) 结构生物学和蛋白质设计

结构生物学和蛋白质设计是通过分析蛋白质的结构和功能来理解其在生物过程中的作用的。结构生物学利用实验方法（如 X 射线晶体学和核磁共振等技术）解析蛋白质的三维结构；蛋白质设计则运用特定算法，根据蛋白质携带的信息对其进行结构预测和工程设计，以创造出具有特定属性和功能的蛋白质。在这两种技术的落地实践中，往往都有人工智能技术的参与。

目前，结构生物学和蛋白质设计已经在药物研发领域取得了重要进展，其未来的发展方向包括但不限于精确蛋白质结构预测、蛋白质设计定制化等。随着人工智能技术和算法的演进，结构生物学和蛋白质设计的准确性和效率将进一步得到提升。

(3) 药物组合优化

药物组合优化主要通过分析大量的药物相互作用和治疗数据，找到最佳的药物组合方案。该技术基于药物的特性和相互作用机制，在落地时经常使用机器学习算法建立预测模型，并运用优化算法搜索最佳组合方案，以提升治疗效果、降低耐药性。

目前，药物组合优化在临床实践和药物研发中取得了显著进展。例如，通过对临床数据和药物特性的分析，研究人员能够了解不同药物之间的相互作用，从而挖掘出具有协同效应或互补作用的药物组合方案，而这些优化的组合方案可以帮助提升疗效、降低副作用、延缓耐药性的产生。

AI与药物组合优化的结合，发展前景广阔、潜力巨大，发展方向包括个性化治疗、多目标优化、耐药性管理等。

2. 基因测序和编辑领域的相关技术

基因测序和编辑在生命科学领域引发的浪潮是革命性的。基因测序不仅能帮助人们深入了解生物体内的遗传信息，还揭示了生命的奥秘；基因编辑技术则赋予人们精准修改基因组的能力。以多组学、牛津纳米孔测序（Oxford Nanopore）和先导编辑（Prime Editing）为代表的前沿创新，推动了医学和生物技术的进步，为未来的科学发展带来了无限的潜力。

（1）多组学与个性化医疗

多组学方法是一种综合利用多种高通量技术对生物样本进行全面分析的策略，它结合了基因组学、转录组学、蛋白质组学、代谢组学等多个层面的信息，旨在全面了解生物系统的功能和调控机制。研究人员运用人工智能技术整合和分析不同组学层面的数据，可以更全面、更深入地获取信息，从而更好地理解生物系统的复杂性。

基因多组学方法与个性化医疗密切相关。个性化医疗的核心理念是将患者的个体特征和基因组信息纳入临床决策过程，从而更精准、更有效地进行诊断和治疗。通过基因多组学方法，研究人员可以获取患者在基因组、转录组、蛋白质组、代谢组等层面的详细信息，揭示个体在生物学特征、疾病风险、药物反应等方面的差异。这些信息可以帮助医生更好地了解患者的病情，并在人工智能算法的帮助下制定个性化的诊断和治疗方案。

在多组学研究领域,斯坦福大学的 Michael Snyder 教授是一位著名的科学家,他在个人基因组学和个性化医疗方面做出了重要贡献。他的著作 *Genomics and Personalized Medicine: What Everyone Needs to Know* 介绍了基因组学和个性化医疗的基本概念、应用和发展方向,强调了在个性化医疗中研究基因多组学的重要性,阐述了个性化基因组学发展的现状并对未来进行了展望。

业界的一个相关例子是 Tempus 公司,它开发了一个个性化的健康数据库,这个数据库可以利用 AI 对世界上最大的临床和分子数据集合进行筛选,以实现个性化的医疗保健治疗。Tempus 公司还在开发用于收集和分析基因测序、图像识别等多个方面数据的人工智能工具,以帮助医生更好地了解疾病的治疗和治愈方法。同时,Tempus 公司也在利用 AI 驱动的数据,帮助科研人员解决癌症研究和治疗方面的问题。

(2)牛津纳米孔测序

作为 *Nature Methods* 期刊评出的"2022 年度最佳技术",牛津纳米孔测序方法是继二代测序技术之后出现的一种革命性的基因测序技术。

牛津纳米孔测序方法基于纳米孔的原理进行测序,工作原理是通过纳米孔引导电流的方式对 DNA 或 RNA 片段进行测序。纳米孔是一种微小的孔洞,通常由特殊材料制成,如蛋白质或人工纳米材料。当 DNA 或 RNA 片段通过纳米孔时,其核苷酸序列会引起电流的微小变化,使用电子设备检测和记录这些变化,然后使用人工智能算法去识别不同的电流模式并完成分类,将这些模式与基因序列关联起来,就可以进行测序。牛津纳米孔测序方法的优势之一是具有实时测序能力。与传统测序方法需要在测序结束后进行数据分析和处理不同的是,牛津纳米孔测序方法可以实时生成测序数据,从而帮助研究人员在测序过程中进行实时分析和决策。此外,牛津纳米孔测序方法的读长较长,可以对较长的 DNA 或 RNA 片段进行测序,从而更好地帮助研究人员解析复杂的基因组和转录组信息。

基于牛津纳米孔测序方法的原理开发的常用软件包包括 Guppy、Nanopolish、xPore、Nanocompore、Penguin 等。这些软件包提供了数据处理和校正、RNA 修饰检测、量化等功能,能够帮助研究人员充分利用三代测序技术进行基因组学的研究和分析。

(3)先导编辑

先导编辑是一种相对较新的基因编辑技术,它是在 CRISPR-Cas9 技术的基础上通过改进实现的。CRISPR-Cas9 技术利用一种特殊的蛋白质来识别 DNA 中的特定位置并进行切割,从而实现基因修改。先导编辑技术则利用 CRISPR-Cas9 的切割功能和一种特殊的编辑酶来实现更精确的基因修改。

与传统的 CRISPR-Cas9 技术相比,先导编辑技术的优势很多。第一,先导编辑可以实现更精确的编辑,原因在于它允许在目标基因组中进行点对点的修改,从而避免了不必要的剪切和替换。第二,先导编辑的编辑效率更高,原因在于它可以不依赖细胞的自愈能力进行修复,从而降低了副作用和误修复的可能性。第三,先导编辑可以在编辑过程中同时进行多个基因的改造。AI 可以通过分析大量的基因组数据来发现最合适的编辑靶点，也可以预测编辑过程中向导 RNA 与 DNA 靶点之间的相互作用，从而提高先导编辑操作的成功率。

先导编辑技术在基因疾病治疗、农业改良、生物研究等领域具有广阔的应用前景，可帮助纠正与遗传病有关的基因突变、提高作物的抗病性和产量、研究基因的功能等。不过，先导编辑技术仍处于发展阶段，需要进一步的研究和优化才能提高编辑效率、降低副作用、确保安全性和可行性。先导编辑技术的发展为人们深入了解基因功能和疾病原理提供了强有力的工具，有望为人类健康做出更大的贡献。

3. 合成生物学的相关技术

合成生物学是一个跨学科的领域，致力于融合工程学、生物学、计算机科学等学科的知识和技术，创造全新的生物系统和功能。人工智能技术在合成生物学领域发挥着关键作用，在基因回路设计与优化、DNA 存储、自动化与模块化等方面提供了强大的支持。通过整合创新的生物技术和智能的算法，合成生物学正不断探索并开辟可应用于医学和生物学的前沿路径。

（1）设计和优化基因回路

设计和优化基因回路是合成生物学的关键任务，旨在构建具有特定功能的基因调控系统，研究人员则使用计算工具和实验技术来设计和测试基因回路的性能。一种常用的技术是基于计算模型的回路设计，其中使用数学模型和算法来预测基因回路的行为。这种技术可以帮助研究人员快速筛选出潜在的回路设计方案并优化其性能。在设计和优化过程中，AI 可以利用机器学习和演化算法来预测不同基因元件的相互作用，从而优化基因回路的性能并提升其稳定性。此外，AI可以模拟不同条件下基因回路的行为，帮助预测其在真实生物环境中的表现。

一个前沿的例子是由哈佛大学的 Synthetic Biology Platform 团队开发的基因回路优化方法。该团队利用数学建模和计算机模拟来预测基因回路的行为，并使用实验室技术验证和优化预测的内容。通过不断迭代和优化，Synthetic Biology Platform 能够改善基因回路的功能，使其更加精确、可控。该团队的工作为科学家理解和操纵生物系统提供了新的方法和工具，对于合成生物学领域的发展具有重要意义，有望在生物医学、生物能源、环境保护等领域产生广泛的影响。

（2）DNA 存储

人类细胞中的 DNA 具有包含 4 个字母的 ATGC 编码，每个人的基因组中大约有 30 亿个碱基对，其中蕴藏着海量的信息。基于此，将合成的 DNA 作为一种存储介质，（在理论上可以）以极其紧凑的方式将全世界的信息编码，放在我们的手掌中。然而，从这种 DNA 编码式的数据池中检索信息是一项非常复杂的任务，做个简单的类比：把国家图书馆的所有书籍堆放在一起，从中找出某本书的某一章或某一页，将是非常困难的。

DNA 存储是解决这一问题的创新方法。将数字信息编码到 DNA 分子中，并利用其高密度和长期稳定的特性进行有组织的数据存储，这样，研究人员就可以使用 DNA 合成和测序技术将数字信息转换成 DNA 序列，并通过解码的方式恢复原始信息。这种方法的存储潜力巨大，可以解决大规模数据存储和长期数据保存的问题，其典型 AI 应用是 2023 年 5 月上海人工智能研究院、祥符实验室和转化医学国家科学中心（上海）共同发布的国内 DNA 存储领域首个预训练大模型 ChatDNA。国际上也有类似的应用案例，如麻省理工学院的 Bathe 实验室使用 DNA 纳米颗粒来组织和结构化存储 DNA 中的数据和信息。该实验室也在开发一种方法，涉及机器学习、数据排序和图像识别等技术的应用，既可以从 1 艾字节（1 亿吉字节）的数据池中随机访问 1 兆字节~1 千兆字节的数据，又可以使用分子数据集进行计算。

（3）自动化和模块化

在合成生物学中，自动化和模块化是两个关键的技术。

自动化技术主要用于实现实验的高通量和高效率，它涉及使用机器人和自动化设备来执行实验室操作，如 DNA 合成、基因组装、基因表达分析等。由 AI 主导的自动化系统可以大幅提高实验的速度和精度，并降低人为造成误差的风险。

模块化技术侧重于将生物系统分解成可重复使用的模块或部件。这些模块是具有特定功能的基因序列或蛋白质序列，可以在不同的生物系统中进行组合和重组。模块化的方法让生物系统的设计更加灵活可控，科研人员可以根据需要选择适当的模块并组装，以构建特定的生物功能。使用模块化的方法，生物系统的设计和重构变得更加高效和可扩展，知识和技术的共享和交流变得更加方便。加利福尼亚大学伯克利分校的合成生物学研究室开发的自动化 DNA 合成和组装系统，能够高效地合成和组装大规模的 DNA 片段，科研人员可以通过这个系统快速构建复杂的基因回路并对其在生物学和医学领域的应用进行研究。

第 4 节　"AI+生命科学"的产业图谱

本节将展示"AI+生命科学"的产业图谱。

1. AI 与制药

在整个 AI 制药产业中，主要包含三类"玩家"，分别是大型药企、互联网头部企业和 AI 制药初创企业。

（1）大型药企

大型药企有丰富的资金、人才和设施资源，并在长时间的业务发展中积累了大量临床试验资料、患者信息、分子结构等数据，所以天然适合高投入、数据驱动的药物研发方法。另外，从产出的角度看，大型药企的研发项目和领域通常比较广，涵盖常见疾病、罕见病等多个领域，不仅可以转化成多个项目的推进力量、实现更多领域的创新，也为 AI 制药技术的单点突破创造了条件。这些创新结合大型药企在业界、学界的巨大影响力，效应得到进一步放大；借助大型药企成熟的技术转化经验，更快地转化为实际的药品；利用大型药企遍布全球的销售网络和客户群体将新药推向市场，投入产出比较高。

参与 AI 制药的大型药企大致分为委托研究机构（CRO）和传统药企两类。CRO 属于医药合同外包服务（CXO）的范畴。CXO 产业可以按照药物推出的环节分为研发外包、生产外包、销售外包，CRO 从事的就是研发外包环节的工作。CRO 的特点是专业、灵活、高效，所以在加快药物研发和外包方面适合发展 AI 制药，典型企业有康德药业、拜耳医药等。康德药业通过引入人工智能，在药物筛选、分子模拟等方面取得了显著的进展，大幅提高了研发效率。拜耳医药利用人工智能技术在药物设计和化合物优化上取得了突破。这些例子表明，CRO在整合人工智能技术方面展现出了巨大的潜力，为药物研发领域带来了革命性的改变。

（2）互联网头部企业

和大型药企一样，互联网头部企业在AI制药领域也能充分利用自身雄厚的资金实力。然而，互联网头部企业与大型药企的不同之处在于，其在科技资源方面更具创新优势且更加多元化。互联网头部企业在人工智能、大数据分析、生物信息学等领域拥有业界领先的技术团队，能够将先进的技术融入药物研发过程，从而在药物发现、设计和优化方面取得创新性的突破。互联网头部企业在AI制药领域的独特优势还体现在其丰富的用户数据资源上，如通过充分利用在运营过程中积累的大量用户健康数据、医疗记录和生活习惯等信息，开展个性化医疗研究，将药物研发与患者个体特征相结合，帮助医生制定更精准的治疗方案。这不仅有助于提高药物的研发效率，还能够满足患者对个性化医疗日益增长的需求。

目前，为人们熟知的参与AI制药的互联网头部企业有腾讯、阿里巴巴、谷歌、Meta等。近些年，这些企业中的大部分意识到人工智能技术在药物研发、临床试验等方面拥有巨大潜力，开始在AI制药领域布局。例如，阿里巴巴在AI制药领域投入了大量资源，旨在利用人工智能技术改进药物研发流程和提供个性化医疗方案；Meta致力于使用人工智能技术构建智能化健康数据平台，整合个体基因组信息、临床数据、生活方式等多维信息，为药物研发和医疗决策提供更准确的数据支持。互联网头部企业利用其科技和数据资源加快医药领域的创新，它们的参与为 AI 制药领域带来了新的思路和机遇，为医药创新提供了强有力的支持。

（3）AI 制药初创企业

AI 制药初创企业是在药物研发领域崭露头角的参与者，致力于将人工智能技术应用于药物创新的前沿领域。虽然资源相对有限，但 AI 制药初创企业凭借其灵活性，迅速采纳和应用新兴的人工智能技术。通过深入挖掘人工智能在药物筛选、分析和优化等方面的潜能，AI 制药初创企业能够在相对短的时间内取得显著的研发成果。此外，AI 制药初创企业通常具备技术创新特质，这使其能够在尖端领域开展实验性的 AI 制药研究，为整个行业探索新的可能性和商机。

AI 制药初创企业通常可分为技术创新型、数据驱动型、跨领域融合型等。技术创新型 AI 制药初创企业专注于在药物研发领域应用先进的人工智能技术，以加快药物研发过程。数据驱动型 AI 制药初创企业侧重于利用人工智能技术整合和分析大规模的、不同类型的医疗数据，从而挖掘新的药物研发机会。跨领域融合型 AI 制药初创企业将人工智能技术与其他领域（如生物学、化学等）的创新结合起来，以拓展药物研发的边界。

国内 AI 制药初创企业的代表是德睿智药，它不仅通过应用人工智能技术提高药物发现速度、降低药物研发成本，还将人工智能技术与领先的药物化学、计算化学、生物学方法结合起来，解决传统药物开发中难以解决的问题，如难成药靶点和全新靶点的药物研发。在国外，以 Insitro 为代表的 AI 制药初创企业通过大规模的数据分析和机器学习，更深入地理解疾病的生物学机理，加快药物筛选、代谢、毒性等方面的研究，实现了更为全面的药物研发。

尽管资源相对有限，但 AI 制药初创企业仍在引领医药行业向更加智能化、个性化的方向发展——这也展示了人工智能技术在药物研发领域的巨大潜力。

2. AI 与基因测序和编辑

AI 加持的基因测序和编辑可以根据产业链关系分成三部分，分别是基因测序和编辑工具的生产制造商、基因测序和编辑的服务商、基因测序和编辑的应用商。

（1）基因测序和编辑工具的生产制造商

基因测序和编辑工具的生产制造商处于产业链的上游，它们承担着研发、设计、生产和供应高质量的仪器和试剂的任务，为整个基因测序和编辑流程提供了核心工具和材料。例如，Illumina 公司基于持续的研发创新推出了一系列高精度测序仪器，如 NovaSeq、NextSeq 等，以及配套的试剂盒，满足了不同规模和类型的测序需求；赛默飞世尔科技公司（Thermo Fisher Scientific）的 Ion Torrent 系列测序仪和相关试剂，以快速、灵活和高通量的特点为基因测序技术的发展做出了重要贡献。

上游企业的持续创新和技术突破，不仅能推动基因测序技术不断进步，也为中下游的应用打下了坚实的基础。其在研发和生产上取得的成绩，亦是整个基因测序生态系统的关键，为基因组学研究和生物医学领域的发展做出了重要贡献。

（2）基因测序和编辑的服务商

基因测序和编辑的服务商处于整个产业链的中游，承担着接收客户样本并进行基因测序和编辑实验的任务，主要负责样本处理、测序操作、数据生成等相关工作，且要确保实验过程准确、可靠。这一领域的代表性"玩家"包括博奥生物、华大基因、燃石医学等。以基因测序业务为例，博奥生物提供了不同类型的测序平台（从 Sanger 测序到高通量测序），能够满足不同的实验需求。华大基因作为国内领先的生命科学研究服务提供商，拥有多种测序平台和技术（包括 Illumina、Ion Torrent 等），能够应对不同规模和类型的项目。燃石医学专注于临床基因组学研究和医疗应用，其测序服务涵盖临床样本测序，为医疗领域的个性化治疗提供了数据支持。

总的来说，产业链中游企业的作用无可替代，它们通过高质量的测序服务，将上游企业生产的基因测序仪器和试剂与下游的应用需求紧密连接起来，为基因组学相关研究工作做出了重要贡献。

（3）基因测序和编辑的应用商

和产业链中上游相比，下游的任务偏向数据分析和解释，即基因测序和编辑应用商的主要工作。产业链下游机构负责分析、解读和解释基因测序过程中产生的原始数据并从中获取有价值的生物信息，为客户提供相应的数据报告。

医疗机构是产业链下游的典型参与者，它们通过分析基因序列数据来判断患者身上可能存在的遗传风险，预测特定疾病的易感性，并为患者提供个性化的治疗方案。这种个性化医疗可以提升治疗效果，减轻不必要的药物反应，并提供精准的健康管理建议。

科研院所在产业链下游扮演着重要的角色。研究人员利用基因测序数据，探索基因与疾病的关系，挖掘潜在的生物标志物，深入研究基因调控网络，为疾病研究提供重要线索，为药物开发和治疗方法的探索提供有用的信息。

医药企业是产业链下游的重要参与者。基因测序数据的分析结果可以帮助医药企业识别潜在的药物靶点，评估药物候选分子的安全性和有效性，快速推进新药的开发和上市。

综上所述，在基因测序和编辑产业链下游，数据分析和数据解释的重要性不容忽视。下游机构通过深入的数据挖掘、生物信息分析和生物学解释，将基因测序结果应用到与人类健康和疾病有关的研究工作中，推动了基因组学的发展和进步。

3. AI 与合成生物学

AI 合成生物学大致可以分为基础层和应用层。

（1）AI 合成生物学的基础层

AI 合成生物学的基础层是生物制造领域的核心，将合成生物学技术和人工智能技术融合，实现了生物材料的高效合成。Demetrix 和 Eligo 就是这一层的企业，它们致力于从分子水平开始，通过高度自动化、模块化的设计及可编程的生产过程，实现生物材料的定制化生产。Demetrix 致力于将大自然中的稀有成分产业化，以满足药品和健康产品的研发和生产需求；Eligo 则专注于合成天然色素，借助微生物工程，以更可持续的、更高效的方式生产食用色素。在人工智能技术的引导下，这些企业能够更加精准地设计微生物基因组、预测模拟生产过程，甚至实时地通过机器学习算法监测和调整生产环境，从而给基础层带来前所未有的创新机遇，推动生物制造领域快速发展。同时，这种高度自动化的、可编程的生产方式为实现生产的高效性、一致性和可定制性提供了新的途径。

（2）AI 合成生物学的应用层

与 AI 合成生物学的基础层相比，AI 合成生物学的应用层有更加明确和广泛的产业应用，也呈现出更强的专业性和适应性。处于这一层的企业致力于将基础层的技术成果转化为实际的产品和解决方案，以满足不同领域的市场需求，在生物制品的开发、生产和推广中发挥着关键作用，代表性企业包括 Zymergen、Ginkgo Bioworks 等。

Zymergen 充分利用人工智能技术处理海量的生物数据，以加快新的材料、化学品和药物的研发和制造过程。通过深度学习等方法，Zymergen 能够准确地预测微生物在不同条件下的行为，从而为制造商和研究机构提供高效的解决方案。

Ginkgo Bioworks 专注于微生物的重新设计和改造，以应对一些跨领域的挑战，其平台可应用于农业、医药、能源等领域。例如，Ginkgo Bioworks 与 Bayer 合作，通过改进作物的微生物共生系统的方式，提高了作物的抗病性和生长能力。

总之，在人工智能的驱动下，AI 合成生物学的应用层企业能更深入地探索生物学机制，优化生产流程，实现高水平的自动化和可编程性。AI 合成生物学的应用层的发展，使生物技术的应用范围得到扩展，不仅满足了不同行业的需求，也推动了生物制品市场的创新。

第 5 节 "AI+生命科学"的政策启示

多项国际重大战略规划和政策措施表明,生命科学与人工智能的融合发展已成为各国经济发展的重要方向,美国、欧洲、日本、韩国等国家和地区纷纷将生命科学中的人工智能技术应用纳入国家发展战略,积极谋划布局,不断探索适合本国的最佳路径。基于当前我国生命科学领域发展的实际情况,可以考虑从以下三个方向采取相关举措,以抓住 AI for Science 的机遇、应对可能的挑战。

1. 促进以生命科学为中心的跨界合作与人才流动

要想发挥人工智能技术在生命科学领域的作用,就要进行跨学科和跨领域的合作。政府部门在这类合作中将起到至关重要的作用。

政府部门可以为生命科学与相关领域的合作营造一个协同创新的环境,如通过设立跨学科的研究项目,为生命科学与计算机科学、数学、物理等学科的合作研究提供资助,促进跨领域的知识共享和技术交流。此外,政府部门可以鼓励大学、研究机构、科技公司、生物技术及制药公司进行合作,打破信息孤岛,提高研发效率,提升成果转化的可能性。在国际上已经有一些这方面的成功案例,如谷歌与生物制药公司 Alphabet 旗下的 Verily Life Sciences 的合作、微软与生命科学公司安进(Amgen)的合作、莫德纳(Moderna)与 IBM 的合作。可以看出,促进学界、业界、监管部门和政府部门之间的交流和人才流动,加强跨领域合作与交流,是非常重要的。

除了"跨界"自然产生的流动,有意识地通过更精准的措施培养

"AI+生命科学"领域的人才也是很有必要的。随着生命科学和人工智能技术融合程度的加深,对相关跨学科人才的需求日益迫切。政府部门可考虑设立专门的奖学金计划,重点资助那些在数学、计算机科学、分子生物学等领域有扎实基础的学生。此外,政府部门可以考虑积极倡导校企合作,设立产学研合作项目,让学生能够在实际的项目中应用所学知识,从而培养出更符合实际需求的人才。

此外,从上层学科结构的角度看,政府部门应积极思考如何不断调整和持续优化学科布局,以满足国家的重大战略需求和经济社会的发展要求。除了要确保传统的生物学相关学科稳定发展,还要关注前沿新兴技术学科的发展,如合成生物学、生物工程学、计算生物学、类脑智能科学、生物影像学和生物医学信息学等——这些学科都与 AI for Science 息息相关。在此基础上,政府部门还可以考虑建立以生物科学为中心的交叉研究机构和培育平台,以加速培养多学科综合型创新人才,尽可能满足国家在生物科技领域的战略发展需求。

2. 加快建设生物学数据库

AI for Science 的发展正推动生命科学成为一门数据密集型科学,这一转变也将深刻影响生命科学的前沿探索方向。生物学数据库的建设不仅关乎生物科学创新,还关系到生物产业和社会经济的可持续发展,且在产业应用上与医疗民生、农业发展、生物资源利用等多个重要战略领域密切相关。

目前,全球主要的生物数据库是由美国国家生物技术信息中心(NCBI)、欧洲生物信息研究所(EBI)和日本核酸数据库(DDBJ)

建设和维护的，其数据覆盖分子生物学、基因/蛋白质组学、医学、农业、生物技术、化学与制药等生命科学相关领域。这种独立自主的数据库架构决定了美国、欧洲和日本在生命科学研究中的领先地位，也使其具备制定相关政策和法律的权威性[①]。我国应加快国家基因组科学数据中心等生命科学数据库的建设步伐，以期在"AI+生命科学"领域的国际竞争中取得优势。

此类数据库的建设要点有二。第一，应完善生物数据库的核心功能，确保数据库能够满足多领域、多层次的科研和产业分析需求，这包括提供更丰富的数据分析工具、支持不同研究方向和产业应用方向的数据存储和访问、提升数据的质量和可信度等。第二，政府部门应加大宣传力度，鼓励研究人员将研究数据上传至国家生物学数据库，并在保护生物学信息隐私和保障数据安全的前提下，审慎推进数据的开放共享：一方面，让国内的企业和研究人员能够在合规的前提下便捷地获取相关研究数据；另一方面，在向全球研究人员提供丰富数据的同时，提升我国在生命科学领域的国际影响力和话语权。

3. 强化生物安全与生物伦理监管

生命科学中的"生命"二字，决定了政府部门在制定该领域与人工智能有关的政策时，需要充分考虑安全和伦理方面的因素并加以应对。以基因编辑为例，尽管它具有改善基因组的巨大潜力，但不当使用就可能导致一些社会伦理争议，甚至有可能产生一系列不可逆的严重问题（如人类集体基因库的污染）。对此，政府部门在制定生命科

---

① 见资料4-1。

学高风险领域的相关政策时，需要设立具有一定广度的专家组织，包括但不限于生物伦理学家、科学家、法律专家等，共同研究并制定伦理原则和安全标准，以确保技术的应用不会超出道德和法律的框架。这个专家组织的作用类似于医疗器械监管机构，在 AI for Science 蓬勃发展时，负责对应用于生命科学领域的技术的伦理和安全事项进行审查和监管。此外，政府部门可以设立人工智能与生物技术方面的伦理和安全管理机构来审查和监管各相关方的行为，帮助规范生物实验室的操作，确保生物信息的安全存储和共享，以及监督生物安全风险的评估和防控工作等。

在伦理指导原则方面，政府部门可以参考国际组织和合作伙伴的经验，如世界卫生组织（WHO）制定的生物安全和伦理准则，以确保技术的应用在全球伦理和法律框架内进行。这样做可以为相关科研人员和企业提供明确的方向，帮助他们在开展生命科学研究时遵守最高标准的伦理要求，在推动"AI+生命科学"向前发展的同时，守住科学的底线，确保生命科学的可持续发展。

第 5 章　AI 与电子科学

　　电子科学是一门运用各种电子元器件设计并制造出具有特定功能的集成电路来解决实际问题的科学。我们在日常生活中经常听到的"芯片"和"半导体"都与电子科学有关。芯片就是集成电路的载体，可以让多种电子元件集合其上，并通过电路连接起来，执行各种功能。半导体是制造芯片的基本材料，具有介于导体和绝缘体之间的电导特性。随着智能化时代的到来，人工智能技术在"芯片"和"半导体"相关研发工作中的应用将为电子科学领域带来全新的机遇，本章将对此进行重点讨论。

第 1 节　"AI+电子科学"的发展背景

在诸多电子设备和系统中，芯片和集成电路被应用在闪存、微处理器等模块上，已成为电脑、智能手机、电视机等常见电子设备的核心部件。在高端技术实践中，芯片和集成电路以强大的算力、高速的收集、高效的处理、海量的存储，赋能人工智能、云计算、物联网、自动驾驶等新兴科技产业。当下，如何在芯片有限的面积上进一步提高集成电路的运行效率，实现处理速度、存储能力等的进一步突破，是人们共同关注的话题，也是寻求人工智能技术与电子科学结合的重要突破点。本节将对"AI+电子科学"相结合的发展背景展开介绍。

1. 从摩尔时代到后摩尔时代

1965 年，英特尔（Intel）的联合创始人戈登·摩尔提出了著名的"摩尔定律"，大意为"每过 18 个月，集成电路上可容纳的晶体管数量就会翻倍，而成本几乎保持不变"，简单地理解，就是芯片的处理速度、存储能力等性能每过 18 个月就会翻倍。在摩尔定律的推动下，以英特尔为代表的半导体企业找到了绝佳的发展模式，它们每年都会投入大量资金用于技术研究，每 18 个月就有一次颠覆性的技术创新，将新产品从市场上赚取的高额利润滚动投入下一个研发周期。

与此同时，市面上以微处理器为代表的芯片也在快速迭代，从英特尔产品的发展历程中就可以观察到这一趋势。1978—1979 年，英特尔推出了 16 位的 8086/8088 微处理器，其中 8086 微处理器的最高主频为 8MHz，内存寻址能力为 1MB。1982 年，80286 微处理器诞生，最大主频提升至 20MHz，内存寻址能力提升至 16MB[①]。与 8086 微处理器相比，80286 微处理器支持更大的内存，能够模拟内存空间、同时运行多个任务，并提高了处理速度。IBM 公司将 80286 微处理器运用在先进的微型计算机中，引起了极大的轰动，也标志着个人电脑时代的扬帆起航。1985 年，32 位核心的 80386DX 微处理器正式发布，其内部有 27.5 万个晶体管，时钟频率最高为 40MHz，内存寻址能力达到 4GB。借助 32 位微处理器的强大运算能力，个人电脑上的应用逐步扩展至商业办公、工程设计、数据中心等场景。1989 年，80486 微处理器上线，它首次突破 100 万个晶体管的限制，采用 1μm 制造工艺，时钟频率提升至 50MHz。此后，英特尔分别于 1993 年、1996 年、1997 年推出 Pentium（奔腾）、Pentium Pro、Pentium II 微处理器，随着版本的更新，其功能越来越强、单价越来越低。可以说，微处理器的每次更新换代都是摩尔定律的体现。

  摩尔定律的背后是晶体管尺寸与相应技术节点数字的不断缩小。所谓"技术节点"也称作"制程"，就是特定的半导体制造工艺及其设计规则。

  晶体管的核心作用是从源极通过一段沟道把电子送到漏极，运送时间越短，晶体管的开关速度就越快、芯片的处理能力就越强。所以，制程越小，通常意味着晶体管体积越小、速度越快、能耗越低。为此，人们将技术节点从最开始的 130nm 以约 0.7 的比例逐渐缩小至 90nm、65nm、45nm、32nm、22nm、14nm、10nm、7nm 等。虽然后来技术节点描述的规格与实际尺寸并不相等，但这种等比例缩小的命

---

① 见资料 5-1。

名习惯却被保留下来。由于单个晶体管体积不断缩小，所以其成本不断降低，而芯片单位面积上集成的晶体管数量的提升，可以让芯片的功能更强大。同时，因为尺寸更小的晶体管功耗更低，所以芯片可以在成本不变甚至降低的情况下实现处理性能的提升。

近年来，物理限制和制造瓶颈凸显，摩尔定律面临的挑战也越来越大。在物理限制方面，我们已经接近晶体管尺寸的物理极限，如果再减小晶体管的尺寸，就可能出现短沟道效应或量子隧穿，进而导致漏电。短沟道效应可通俗地理解为，当源极和漏极之间的距离过短时，原本长距离下可以忽略的电场干扰将变得不可忽略，进而导致控制电子流动的开关"栅极"可能"关不严"，晶体管"关不住电"并出现漏电现象，这不仅会导致芯片过热和功耗增加，还会缩短芯片的使用寿命。量子隧穿可以简单地理解为，当沟道逼近物理极限时[1]，电子有可能出现在比附近势能都高的空间区域"势垒"之外，不受控制地从一个晶体管向另一个晶体管移动，从而导致晶体管漏电、性能不稳定、功耗增加、可靠性降低。以二进制计算机为例，其中的晶体管元件就是以导电和不导电来实现 1 和 0 的数字逻辑的。晶体管元件作为一种半导体，当两端电压达到阈值时就导电，否则就不导电，而一旦出现量子隧穿（电压还没到达阈值就导电了），整个电路功能就会出现问题。

目前，从制造工艺的角度看，也有诸多阻碍。伴随制造工艺进步的是研发和制造成本迅速攀升，如 7nm 制程芯片的研发成本是 28nm

---

[1] 在通常情况下，量子隧穿在 5nm 制程以下就会变得明显，在 3nm 制程以下则会影响晶体管的正常工作。

制程芯片的数倍。此外，在达到一定水平后，单纯从制造工艺上继续缩小晶体管尺寸已十分困难（就算能继续缩小，也很难实现量产），其主要原因是决定制造工艺最小尺寸的是光刻机，而与高端光刻技术相关的问题是世界性难题。即使跨过了高端光刻技术的难关，单台设备也可能十分昂贵，产量也难以满足工业生产的实际需求，不具备产业应用能力。可以说，面对种种技术挑战，摩尔定律已进入"后摩尔时代"。

2. 深度摩尔定律与超摩尔定律

为应对"后摩尔时代"的挑战，"深度摩尔定律"和"超摩尔定律"两条路径被提出：前者的思想是通过引入新结构、新技术等沿着摩尔定律的道路继续推进；后者的思想是发展"暴力增加晶体管集合数"以外的部分。

"深度摩尔定律"的核心在于新技术节点的开发和晶体管漏电问题的解决，其在一定程度上依赖晶体管结构的更新迭代。1999年，胡正明教授提出的鳍式场效应晶体管（FinFET）结构引入了三面栅的结构，加强了栅极对于沟道的控制能力，在一定程度上抑制了短沟道效应。目前，台积电（TSMC）、三星（SAMSUNG）等皆依赖FinFET结构达成7nm/5nm的新技术节点。而在3nm制程芯片的开发过程中，三星提出了全栅场效应晶体管（GAAFET）技术，使用栅极四面围绕沟道，降低电子流动时所需的电压，减少电场干扰和晶体管漏电。除了晶体管本身结构的迭代，光刻技术的不断提升也非常重要。光刻技术就是在光照的作用下借助光刻胶将图形转移到半导体基片上的技术。随着晶体管级别越来越高、电路越来越复杂，为了提升光刻分辨率，研究人员不断尝试使用波长更短的光源、折射率更高的界面材料，并制作更好的照明系统、控制系统等。

"超摩尔定律"有多重含义。

一是摆脱"暴力集成晶体管数量"的思路，更多地依靠电路设计与系统算法优化来提升芯片的性能。

二是利用先进的封装技术集成多枚芯片以形成系统，即"系统级封装"，使用类似"搭积木"的方式合并芯片的功能特性，在需要搭建新的系统模块时仅需设计新的模块芯片和"拼搭"方式，从而降低研发成本。这方面较为成熟的应用案例是 AMD 公司推出的 Chiplet 技术，它将处理器的多个处理核心放置在多个晶片的晶粒里，然后封装整合到 CPU 中，与将所有处理器核心封装在单一芯片中的制造方式相比，成本大幅降低。

三是在新材料探索方面，关注以碳化硅、氮化镓为代表的材料，提升不同领域的渗透率。虽然该领域的发展与第 2 章介绍的计算芯片领域的发展并无直接关系，但它对电子科学在当前的应用具有重要意义。由于这些新材料在高压、高功率、高频率的应用环境中性能更加稳定，所以可以促进芯片集成电路在新能源汽车、光伏、风电、高铁等新兴领域的应用。

无论是"深度摩尔定律"之于晶体管结构的优化及制程的提升，还是"超摩尔定律"之于电路设计优化、先进封装技术及新材料的探索，都可以在 AI 的帮助下加快研发速度。一方面，AI 可以借助高性能计算、物理建模和机器学习相结合的方式，在许多新结构与新材料的研发过程中以建模代替实体（物理）制造，通过全真模拟的方式探索新结构的可行性，以及新材料的介电性、导热性等，帮助研究人员快速从诸多方案中找到最优解，提升新品研发效率。另一方面，AI可以通过对大数据的学习，在芯片设计与节点设计的过程中自动优化许多内容，如芯片面积最小化、芯片功率最小化等。此外，在封装与检测过程中，运用 AI 的预测功能，可以自动预测出许多可能出现的问题，实现对缺陷的预测。总体来看，当电子科学进入"后摩尔时代"时，AI 能够为众多芯片企业提供巨大的帮助。

第 2 节　"AI+电子科学"的落地应用

芯片的工艺流程可粗略分为芯片设计、芯片制造（包含芯片材料选取）、芯片封测。前面提到的"深度摩尔定律"主要体现在芯片制造环节，"超摩尔定律"则渗透了芯片设计、材料选取、芯片封测三个工艺流程。本节将探索 AI 是如何通过其高性能的计算、物理建模和机器学习能力渗透以上工艺流程的。

1. AI 赋能芯片设计

芯片设计是指通过设计硅片上的晶体管、电阻器、电容器等电子器件及器件的连接方式，使芯片具有特定功能与性能的过程。

芯片设计过程烦琐。首先要根据客户的需求制定芯片的规格，然后确定整个芯片的架构及其中的功能模块，使用 VHDL 等硬件编程语言将上述各模块的功能用代码描述出来。至此，硬件电路的功能就由编码语言描述，形成了寄存器传输级（RTL）代码。但 RTL 代码的抽象程度仍比较高，设计师需要继续使用电子设计自动化（EDA）工具把 RTL 代码转换成门级网表，也就是用"与门""或门""非门"等逻辑门来表现硬件之间的连接关系。当设计电路经过不断的仿真和调试工作，最终在逻辑上达到目标需求后，芯片的前端设计就完成了。芯片设计的后端包括芯片的时序验证和形式验证，前者用于确保芯片能够正确地采样数据和输出数据，后者用于确保门级网表在功能上与原始设计规划等价。验证后，将门级网表投射到物理意义的芯片布局图中，确定每个晶体管在硅片上的位置，最终连接成芯片。

在芯片设计过程中，优化性能、功耗和面积是三个核心目标。由于"后摩尔时代"对芯片性能的要求越来越苛刻，以及工程师对不同工具和方法的熟悉程度不尽相同，所以，在相同领域和相同的功率设计目标下，会出现大量良莠不齐的设计方案，且这些方案的安全性不尽相同。然而，繁复的挑选过程会导致芯片的制造与量产进度延迟，进而使厂商的利润降低。为了优化这一点，越来越多的芯片设计厂商或垂直整合制造厂商将人工智能引入芯片设计流程，以期降低芯片设计流程的复杂度、减少错误、缩短开发周期，包括谷歌、英伟达、新思科技（Synopsys）、楷登电子（Cadence）、三星和西门子在内的许多公司都有在芯片设计中使用人工智能的计划。

当前，人工智能赋能芯片设计大体可以分为两个方向，一个方向是在真正意义上让 AI 设计电路图，另一个方向是通过人工智能技术让芯片设计的软件 EDA 更智能。

让 AI 设计电路图的代表公司包括谷歌、英伟达，我国的科研团队也有突破。

2021 年，谷歌的团队在《自然》期刊上发表论文 *A Graph Placement*

Methodology for Fast Chip Design，提出了一种可用于芯片布局规划的深度强化学习方法[1]，AI 在 6 小时内自动生成了芯片设计的平面图，这幅图在关键指标（包括性能、功耗和面积）上优于或可以与人类绘制的芯片设计图媲美。研究人员将芯片布局规划转化成一个强化学习问题：用下围棋做类比，芯片版图就是棋盘，各功能模块就是棋子，AI 通过在大量内部数据样本上进行预训练，最终生成最优的"棋局"，也就是最优的芯片设计图。研究团队称，该方法将被用于设计谷歌的下一代人工智能加速器，并有可能为每代新产品的研发节省数千小时的人工。

除了谷歌，英伟达也在研究如何利用 AI 来设计芯片[2]。2022 年，英伟达公布了一款由其 AI 软件 PrefixRL AI 设计的 64 位 GPU 加法器电路，其面积比使用 EDA 工具设计的同类电路小 25%，但速度和功能并无差异[3]。后来，英伟达发布了其研发的 Hopper GPU 架构，其中包含近 13000 个由 AI 设计的电路实例。

我国在 AI 芯片设计技术方面也获得了许多重大突破。

2023 年 6 月，中国科学院计算所等单位利用人工智能技术成功设计出全球首款无须人工干预的、全自动生成的 CPU 芯片"启蒙 1 号"。该项目的研究团队运用了二进制推测图算法，把芯片设计理解成一种二进制决策，无须工程师提供任何代码或自然语言描述，仅通过喂入测试用例的方式让 AI 直接输出 CPU 设计图，在 5 小时内就生

---

[1] 见资料 5-2。
[2] 见资料 5-3。
[3] 见资料 5-4。

成了这枚芯片,芯片性能与 Intel 486 系列相当,能够支持 Linux 操作系统运行[①]。

对于另一种思路——通过人工智能技术让芯片设计的软件 EDA 更智能,代表企业是新思科技。新思科技推出了 AI 辅助芯片设计工具 DSO.ai。其中,DSO 的意思是"优化设计空间",即借助最新的机器学习技术在大型设计空间中快速搜索出合适的方案。

芯片设计原本是一个巨大的解决方案空间,而在人工智能的帮助下,设计师只需抓大放小,大量影响较小的决策由软件自动输出,设计师只需关注那些与设计逻辑有关的核心问题。例如,在全局设计思路上,DSO.ai 可以根据需求优化设计步骤和基础工具设置;在细节上,DSO.ai 可以自动微调库单元并给出最低的功率数据,根据当前的芯片布局尽可能地缩小芯片尺寸,自动确定能够平衡功耗与性能的最佳电压等。DSO.ai 已被英特尔、三星、联发科、索尼、瑞萨电子等著名企业使用[②]。

关于 EDA 软件,北京大学集成电路学院的研究员林亦波认为,人工智能辅助芯片设计(AI for EDA)是一种新的技术路径,虽然目前国内外的研究还处于初级阶段,但业界和学界都在积极布局[③]。此外,北京大学集成电路学院建立了专门用于 AI for EDA 应用的开源数据集 CircuitNet,它将为 EDA 相关研究提供数据支持。

---

① 见资料 5-5。
② 见资料 5-6。
③ 见资料 5-7。

2. AI 赋能芯片制造

前面提到过，光刻技术在芯片制造过程中扮演着重要的角色。光刻技术是指在晶圆上进行精密加工，通过光的作用将光掩膜版上的几何图形精确地转移到基板上的光敏化学光刻胶上。随着摩尔定律推动集成电路器件尺寸持续微缩，晶圆图案化面临巨大的挑战，而光刻技术正是应对这一挑战的主要手段。

在光刻过程中，光学图像失真、光学分辨率差是严重的隐患，如果出现，那么芯片上的图形和光掩膜版上的图形的差别将非常大。为了解决这类问题，业界引入了光学邻近校正（OPC）技术，人为地对光掩膜版上对图案进行修改，以抵消棱角钝化或线宽改变问题，使硅片上的图形尽可能接近原始设计图形。

OPC 的方法可以分为基于规则的 OPC 和基于模型的 OPC。基于规则的 OPC 因其使用简单和计算速度快的优点得到了广泛应用，但随着光学畸变的加剧，人工设定的 OPC 规则变得越来越复杂且难以维持。于是，基于模型的 OPC 应运而生。基于模型的 OPC 通过光学模拟建立精确的计算模型，不断调整图形边缘并进行模拟迭代，直到接近理想的图形，其实现涉及各类人工智能技术。与此同时，基于模型的 OPC 使 OPC 的流程变得更复杂，对计算资源的需求也呈指数级增长[1]。

2023 年，NVIDIA cuLitho 计算光刻库的出现为基于模型的 OPC 带来了曙光。计算光刻模拟光通过光学元件并与光刻胶相互作用时的

---

[1] 见资料 5-8。

行为，应用逆物理算法预测光掩膜版上的图案，这一过程原本每年要消耗数百亿 CPU 小时，但计算光刻库可使计算光刻过程在学习数据库之后提高 40 倍以上。举例来说，制造 NVIDIA H100 GPU 需要使用 89 块光掩膜版，在 CPU 上运行时，处理一块光掩膜版需要两周时间，而在 GPU 上运行 cuLitho，完成这些工作只需要 8 小时[1]。目前，晶圆厂台积电、光刻机龙头阿斯麦（ASML）、EDA 巨头新思科技均参与合作并引入了这项技术。

3. AI 赋能芯片检测

在半导体制作过程中，将设计的电路转移到晶圆上之后，晶圆将被切割成一个个小小的芯片，然后，通过封装技术把裸芯片连接到封装基板上，包装成一个个有物理保护壳的整体。在这个过程中，需要在晶圆制造完成后和芯片封装完成后分别进行检测：前者为晶圆检测，通过探针卡连接测试机和芯片，向芯片施加电流和信号，检验芯片良率；后者为封装检测，检验封装后产品的参数、指标是否符合客户需求，是否引入了缺陷，以及在恶劣环境中的可靠性。

应用材料公司（Applied Materials）推出的光学半导体晶圆检测机是 AI 赋能芯片检测的典型案例，该机器分为 Enlight 光学检测系统、ExtractAI 技术和 SEMVision 电子束审查系统三部分。Enlight 光学检测系统将业界领先的检测速度及先进的光学技术结合起来，快速扫描芯片并收集对良率至关重要的信号数据。收集数据后，ExtractAI 技术将噪声信号与缺陷信号分开，从而快速检测芯片表面是否有异

---

[1] 见资料 5-9。

常。在样品检测过程中，ExtractAI 技术通过持续的学习，最终在晶圆缺陷图上绘制出所有潜在缺陷的特征，而这些已分类晶圆缺陷图有助于半导体节点的发展与产能爬坡。SEMVision 电子束审查系统使用电子显微镜对缺陷区域进行细致的检查。三者实时协同工作，可以在芯片制造流程中识别新的缺陷，提高良率和利润。

采用了计算机视觉和机器学习的自动缺陷检测与分类（ADC）是AI 助力芯片封装检测的代表性应用。技术工人通常需要花费 6~9 个月的时间接受缺陷检测与分类培训，以达到 90% 的准确率，且该准确率可能会随着培训后时间的推移下降至 70%~85%。在人工智能和大数据的帮助下，可以在工业互联网平台上构建半导体产品质量分析应用和质量目标模型，基于质量目标模型实现缺陷的快速定位，对缺陷进行分类，并推荐更优的工艺参数。目前，ADC 技术已在英特尔至强可扩展处理器和英特尔傲腾技术中得到了应用。

4. AI 赋能芯片材料研发

芯片材料是电子科学探索的重要方向。在计算芯片领域，研究人员就在进行硅光芯片的创新；在广泛使用功率和射频器件的电子科学应用领域，新材料的探索更是重中之重。在功率和射频器件相关芯片的制造过程中，不论是芯片的基底材料（如硅片），还是芯片制造过程中使用的辅助耗材（如光刻胶等），都会影响芯片的性能。

随着电子器件体积的缩小，芯片对散热能力的要求逐渐提高。传统的芯片基底材料是硅，它的导热性能不如碳化硅等新材料。与传统的硅相比，碳化硅更容易提取能量和热量，且在特定的封装方式下，碳化硅承受的温度可达 900℃，所以，很多需要耐高温、耐高压的应用领域已开始使用碳化硅材料。与更换基底材料相匹配的是更换芯片制造的辅助耗材，研究人员也在不断研发性能更优的辅助耗材，以优化芯片的制造工艺，保证芯片的精度与性能。

传统的材料研究方法需要进行大量的合成实验和验证实验，耗时长、效率低。而利用人工智能在数据处理和机器学习方面的强大能力，可以加速进行优秀功率半导体材料的筛选，快速预测材料在不同条件下的性能，显著缩短研发周期，降低研发成本。以碳化硅为例，中国科学院的研究团队使用 AI4S 方法建模，在 300K 的温度下对含有 8000 个原子的立方碳化硅进行分子动力学模拟，最终得到的模拟碳化硅热传递数据与实际材料的数据一致，基于模型计算的介电性数据也与实际材料基于第一性原理计算的结果一致。可见，无须进行真实的材料合成，仅通过分子模拟就能了解不同材料在导热、导电等方面的表现，提高了材料筛选效率。

在耗材研究方面，IBM 结合使用人工智能技术和量子计算技术，成功地在一年内发现并合成了一种新的光刻胶用分子[1]。研究人员首先基于 6000 多项专利和论文，建立了包含 2.2 万个节点和 38 万条边的知识图谱，以及 5000 个分子结构的数据集；然后通过智能仿真技术对相关材料的特性进行模拟，再用训练好的人工智能模型生成了 1000 个可能具有目标性质的候选物质结构，并完成了自动筛选与排序；最后利用人工智能技术计算出所选分子结构的反应路径，并使用

---

[1] 见资料 5-10。

机器人化学反应器自动合成所需物质，用于最终实验验证[1]。在通常情况下，发现和合成一种新材料需要花费大约 10 年的时间和近 1 亿美元的资金，而 IBM 的团队利用其端到端的 AI 工作流程，在短期内成功发现了三种候选物，在效率和速度上都创下了纪录，超越了人类科学家的能力。

第 3 节 "AI+电子科学"的相关技术

本节介绍"AI+电子科学"的相关技术。

1. 芯片设计中的 AI 技术

目前，人工智能辅助芯片设计最常用的技术是强化学习。强化学习是机器学习的范式之一，其目标是让智能体在环境中通过自我试错和学习，找到最优的行动策略，从而达到最大的累积奖励。

要让 AI 进行学习，需要满足三个前提条件：首先，需要一个包含大量数据的数据集，数据可以是 RTL IP、GDSII、C 语言、SPICE 表格等多种形式；其次，需要一个能够完成观测、学习、反馈等任务的算法模型，使人工智能系统能够根据每次输出动态调节自身策略；最后，需要一个目标函数，并设计一个围绕该目标函数的奖惩机制，以完成强化学习过程。通常，我们需要在应用算法之前，将包含大量数据的训练集输入初始模型进行训练。只有经过长时间的训练，模型

---

[1] 见资料 5-11。

才能被认为具有"智能"。

强化学习是使用人工智能进行芯片设计的有效手段，它为 AI 的学习过程引入了奖惩机制。在一个采用了奖惩机制的人工智能算法模型中，AI 从初始状态开始学习，并输出一些随机结果。芯片设计师可以对这些结果进行评判：如果结果能被接受，模型就会得到"奖励"，并继续沿着这个方向优化；反之，如果结果被拒绝，模型就会将此视为对自己的"惩罚"，然后调整自己的策略。无论结果是被接受还是被拒绝，模型都会在调整后进行下一轮迭代，并输出新的结果供芯片设计师评判。这样，随着强化学习过程的持续，人工智能算法将逐渐完善，输出让人满意的芯片设计方案[①]。

2. 芯片制造中的 AI 技术

基于模型的 OPC 需要使用精准的光刻模型。光刻模型由光学模型和光刻胶模型两部分组成：光学模型是描述光刻过程中光在硅片上的分布情况的模型；光刻胶模型是描述光刻胶在光刻过程中变化的数学模型，它直接决定了模型的精准程度。神经网络、迁移学习等人工智能技术都可用于光刻模型的优化[②]。

为了提高精度，在 21 世纪初研究人员就将神经网络算法引入光刻胶模型。神经网络是一种机器学习算法，它的命名和结构都受人脑的启发，能够模拟生物神经元之间的信号传递方式。简单地理解，光刻胶模型的应用就是将光学图像作为输入，然后输出所需的光刻胶图

---

① 见资料 5-12。
② 见资料 5-13。

像相关数据，其效果通常优于传统光刻技术。2017 年，一篇发表在国际光学工程学会会议上的论文[1]指出，使用卷积神经网络（CNN）可以让传统光刻模型的误差降低 70%。这篇论文也指出，尽管使用卷积神经网络可以显著提高光刻模型的精度，但在训练过程中需要使用大量的数据，而且训练时间长、成本高。

为了降低训练新技术节点模型所需的数据量，研究人员引入了迁移学习，即利用旧技术节点的模型进行新技术节点的光刻胶建模。迁移学习是一种机器学习方法，主要思想是将在一个任务上学到的知识应用到新的相关任务上，以此提高新任务的学习效率和性能。比如，你学会骑自行车之后，当你学习骑摩托车时，可以将骑自行车的"知识"迁移到骑摩托车这个新任务上，这样你就可以更快地学会骑摩托车了。也就是说，迁移学习可以将一个已经在旧任务上完成预训练的模型用于一个与之相关的新任务，如利用旧技术节点的模型进行新技术节点的光刻胶建模。通过这种方式，可以利用预训练模型学到的丰富特征，避免从零开始训练模型，从而节省大量计算资源和时间。

为了进一步实现光刻胶模型的快速仿真，科学家尝试将一些新的人工智能算法引入芯片制造领域，生成对抗网络就是一个很好的例子。生成对抗网络是一种深度学习模型，由生成器和判别器两部分组成。这两部分的关系就像学生和老师的关系，生成器被看作学生，判别器被看作老师。假设学生跟着老师学习绘画：随着时间的推移，学生不断提高自己的绘画技能，其所临摹的画作越来越逼真；老师的任务是评判学生的画作是否符合要求，随着学生水平的提高，老师对学

---

[1] 见资料 5-14。

生的要求越来越严格，以促使学生继续提升绘画能力。光刻胶模型快速仿真的常用架构有 LithoGAN、GAN-OPC 等。

3. 芯片封测中的 AI 技术

随着半导体制程向 10nm 以下发展，单芯片的晶体管数量达到百亿级，加工精度越来越高，对检测精度的要求也随之提升。在这样的背景下，人工目检已无法满足检测要求，整个芯片制造过程几乎完全依赖机器视觉。

所谓"机器视觉"就是一种让机器能够"看见"并理解其周围环境的人工智能技术。这种技术模拟人类视觉系统的工作原理，通过摄像头或其他传感器捕获图像并将其转换成计算机可以理解的格式，然后使用各种算法来分析和解释这些图像。

芯片检测环节使用的自动光学检查（AOI）设备就是机器视觉技术的典型应用。AOI 是一种高速、高精度的光学影像检测系统，它将视觉 AI 作为检测标准技术，利用光学方式检查成品的表面状态，通过影像处理找出异物或图案异常等瑕疵，弥补了人工使用光学仪器进行检测时漏检率高的缺陷，提升了芯片检测的效率和精度。例如，英伟达基于其 GPU 芯片开发了具有超高精度的自动化检测解决方案，以满足半导体芯片的制造需求。目前，国际上具有代表性的 AOI 系统厂商有安捷伦（Agilent）、安维谱（MVP）、奥宝科技（Orbotech）、泰瑞达（Teradyne）、CyberOptics 等。

4. 芯片材料研发中的 AI 技术

半导体新材料的研发周期通常很长，由于对芯片的生命周期和安全性、可靠性的要求极为严格，所以，从发现新材料到将其实际应用于工程，往往需要数十年时间。

传统芯片材料研发模式耗时耗力，主要原因如下。
- 许多与材料有关的问题涉及微观和宏观等维度，需要大量实验数据的支持。
- 新材料的研发依赖研究人员的经验。
- 采用的研究方法是基于试错原理的往复试验迭代法。
- 材料从实验室到工程应用，需要反复实验。

结合第 3 章的内容可知，半导体材料研发与人工智能技术之间的结合也会日渐紧密，并推动半导体材料研发全面进入智能化阶段，这得益于以下几个方面的进步。
- 材料科学理论研究的进步，使越来越多的物理机制及材料结构与性能的关系能够在理论层面得到解释，计算机则可以基于这些理论更真实地模拟材料的结构和性能。
- 材料数据库的建立，以及材料基因工程理念的提出，使规模化、系统化的材料数据逐渐成形，这为人工智能模拟实验提供了大量的数据存储空间和数据参数。
- 高通量模拟软件和计算能力的提升，使材料计算模拟软件能够更精确地模拟材料的结构和特性。强大的计算能力，使人工智能可以结合模拟计算软件进行复杂的材料科学研究，快速预测材料在不同条件下的性能表现，加快新材料的设计和优化过程。

综上所述，在人工智能技术的帮助下，半导体材料的研发周期将会缩短、整体投入将会减少，整个领域的创新进程将会提速，这些都有助于半导体材料研究成果快速应用到实际生产中。

第 4 节　"AI+电子科学"的产业图谱

目前，真正落地的"AI+电子科学"应用并未在人工智能产业和芯片产业中实现融合，而是更多地出现在芯片产业的领先企业中。这些企业为了进一步提升自身的生产效率、降低单位成本，在 AI 端进行研发与应用。本节将整个产业图谱划分成上游的材料与设备端、中游的芯片设计端、下游的芯片制造端三部分。此外，为了更贴近产业实践，本节将设备企业在光刻技术上的创新与垂直整合制造（IDM）企业在光刻技术上的创新分开讨论，前者归于上游，后者归于下游。

1. 材料与设备端

材料与设备端是半导体产业链的起点，主要涉及硅等半导体材料的提炼和生产，以及生产所需设备的制造。这个环节的任务是提供高质量的半导体材料和精密的生产设备，对于后续的芯片设计和制造而言至关重要——只有高质量的半导体材料和精密的生产设备，才能保证芯片的性能和可靠性。此外，随着技术的发展，新的半导体材料（如硅碳化物、氮化镓等）的研发及更精密设备的制造也成为这个环节的重要任务。

在材料与设备端，应用人工智能技术发展相关产业的"玩家"类型很多，既包括光刻机制造商、半导体设备制造商，也包括相关技术咨询服务提供商。

光刻机制造商是通过不断改进光刻技术提高芯片制造的分辨率和生产效率的。人工智能技术可用来优化光刻机的运行，从而提高生产线的稳定性和产能。一个典型例子是全球最大的光刻机制造企业阿斯麦，将深度卷积神经网络应用于其芯片布局，提升了光刻速度，目前其产品已被广泛应用于半导体、集成电路、光学和光子学领域等诸多重要的产业。

半导体设备制造商积极探索如何将人工智能技术整合到设备中，在制造过程中优化设备的性能、提高生产效率、降低故障率——这些改进对满足不断增长的半导体市场需求来说是至关重要的。东电电子（TEL）就是一个典型例子，它是日本的代表性半导体设备制造商，主要产品包括半导体成膜设备、半导体蚀刻设备及用于显示器液晶的设备等。东电电子曾发表题为"Applying Machine Learning to R&D for Semiconductor Process Development"的报告，描述了使用机器学习辅助工艺开发和优化、材料和工艺的协同优化等方面的情况。虽然该报告并没有给出具体的设备与材料优化方式，但东电电子仍将此作为未来的愿景，并提出了诸如"收集更大的数据集""设置更多的模型参数""增加材料参数"等改进方向。

一些技术咨询服务提供商因其雄厚的研究实力及解决方案中对改进制造流程、产品设计、测试方法的需求，也积极投入人工智能产业与芯片产业结合的探索中。IBM 就是一个很好的例子，其业务涵盖硬件、软件、IT 服务和咨询等领域，在全球拥有多个研发中心，是全球最大的工业研究组织之一，不仅在计算机发展历史上有许多重要的贡献，包括发明硬盘、磁条卡、自动取款机（ATM）等，也在芯片半导体材料，尤其是光刻胶材料的研发中扮演了重要的角色。IBM 的科学家在研究 64k bit 的 DRAM 生产工具时，领导了化学放大光刻胶的研发，该光刻胶亦为 IBM 节省了原本计划用来修改和替换光刻工具的数百万美元。此外，新的光刻胶在复杂的制造环境中稳定性不够，IBM 的研究人员通过过滤空气解决了这个问题，既保证了光刻胶的高灵敏特性，又让光刻胶的一致性得到了提高。到了 1986 年，1M bit 的 DRAM 生产如火如荼，IBM 成为第一个使用深紫外制造技术的公司[①]。IBM 的这些研发成果推动了半导体产业的高速发展，在过去的 30 余年续写了摩尔定律的神话。如今，随着芯片线宽持续收窄，化学放大光刻胶又到达了极限，光刻技术再次面临巨大的挑战，IBM 也在积极探索人工智能助力光刻胶材料研发的方法，以提升新材料研发的效率。

2. 芯片设计端

芯片设计端的企业，通常要根据市场需求和技术发展情况，设计出具有不同功能和性能的半导体电路图，并结合各种应用的特殊需求，创新和优化半导体的设计。例如，为了满足移动设备的需求，芯片设计公司需要设计出低功耗、高性能的半导体电路；为了满足数据中心的需求，芯片设计公司需要设计出高性能的、高可靠性的半导体电路。可以说，芯片设计环节是半导体产业链最核心的部分，也是对计算性能要求最高的环节。

---

① 见资料 5-15。

当前，在芯片设计端积极探索人工智能结合应用的主要是 EDA 相关企业，新思科技和楷登电子是国际上的代表性企业。

新思科技是全球排名首位的 EDA 解决方案提供商、全球排名首位的芯片接口 IP 供应商，也是信息安全和软件质量的全球领导者，致力于复杂的系统级芯片（SoC）的开发，为全球电子市场提供了先进的 IC 设计与验证平台。新思科技的主要产品包括设计工具、验证工具、IP 核、软件安全测试工具等，其中：设计工具主要用于半导体芯片的设计，包括逻辑设计、物理设计、模拟和混合信号设计等；验证工具主要用于验证设计的正确性，包括功能验证、形式验证和时间验证等；IP 核主要包括各种预设计的电路模块，可直接用于芯片设计，大幅提高了设计效率；软件安全测试工具主要用于检测和修复软件中的安全漏洞。

此外，新思科技一直在积极探索如何将人工智能应用于芯片设计领域。2023 年 4 月 3 日，在新思科技用户大会（SNUG World）上推出了一项具有里程碑意义的举措，发布了全栈 AI 驱动型 EDA 解决方案 Synopsys.ai。该解决方案为业界首创，覆盖了先进的数字与模拟芯片的设计、验证、测试、制造等环节。最令人兴奋的是，开发者不仅可以在芯片开发的每个阶段（从系统架构到设计和制造）充分利用人工智能技术，还可以从云端轻松地访问这些先进的解决方案。这一举措将为芯片设计带来全新的可能性。新思科技 EDA 事业部总经理 Shankar Krishnamoorthy 表示："芯片设计复杂性增加、人力资源有限、交付窗口日趋严格等挑战，让业界期待一个能够覆盖架构探索到设计和制造的 AI 驱动型全栈式 EDA 解决方案——而我们已经给出了答案。借助 Synopsys.ai 解决方案，我们的客户极大提升了其跨多个领域探索设计解决方案空间的能力。随着 Synopsys.ai 工具在运行中不断学习，客户能够更快地找到理想结果，从而实现甚至超越严格的设计和生产效率目标。"①

楷登电子是国际 EDA 领域积极拥抱人工智能的又一代表企业。自 1988 年成立以来，楷登电子一直在半导体设计和验证技术方面处于领先地位，为全球的半导体企业提供了一系列设计工具和服务，其主要产品包括用于集成电路设计、电子系统设计、验证和 IP 核的工具和服务。目前，这些工具和服务已被广泛应用于包括智能手机、电脑、服务器、汽车电子、医疗设备等在内的电子设备的设计和制造。

在人工智能领域，楷登电子投入了大量研发资源：一方面，尝试研发更适合用于设计和验证各种 AI 芯片的工具、用于 AI 加速的处理器核、用于 AI 数据处理的硬件加速器等；另一方面，推出了运用人工智能技术来优化设计流程的工具。例如，楷登电子研发的 Innovus Implementation System 可以运用机器学习算法，优化大规模集成电路的设计流程，提高设计效率和芯片的性能。

国内也有一批优秀的 EDA 相关企业在人工智能结合芯片设计领域布局，其中以华大九天和概伦电子最为典型。

华大九天成立于 2009 年，一直专注于研发、销售和提供与 EDA 工具软件有关的服务。根据招股说明书披露的内容，华大九天肩负国家"核心电子器件、高端通用芯片及基础软件产品"重要科技专项中的两个重要课题，分别是"先进 EDA 工具平台开发""EDA 工具系统开发及应用"，这些任务与 EDA 的国产替代密切相关。经过多年

---

① 见资料 5-16。

的发展，华大九天拥有丰富的产品线和强大的技术实力，也是"大规模集成电路 CAD 国家工程研究中心"的重要合作伙伴，已成为我国 EDA 行业的龙头企业。华大九天的主要产品包括模拟电路设计 EDA 工具系统、数字电路设计 EDA 工具、平板显示电路设计全流程 EDA 工具系统、晶圆制造 EDA 工具等，以及相关领域的技术开发服务。这些出色的产品和服务主要应用于集成电路设计和制造，受益客户众多，包括中芯国际、华力微电子、华虹宏力等晶圆制造企业，华为海思、中兴微电子、紫光展锐等 IC 设计企业，飞腾、兆芯、龙芯、华芯通等 CPU 设计企业，以及京东方、华星光电、维信诺、咸阳彩虹、熊猫电子、重庆惠科等平板显示企业。同时，华大九天也在积极拥抱新的人工智能热潮：2023 年 7 月 3 日，华大九天在投资者互动平台表示，人工智能技术对 EDA 的发展有重要的促进作用，公司已将人工智能技术应用于现有产品[①]。

  概伦电子也是国内优秀的 EDA 企业[②]，提供了高效、专业的 EDA 流程和工具，其主要产品和服务包括制造类 EDA 工具、设计类 EDA 工具、半导体器件特性测试仪器、半导体工程服务等，且这些产品和服务已被多家全球领先的集成电路设计和制造企业使用。自创立以来，概伦电子以"提升集成电路设计和制造竞争力的良率导向设计"为理念，坚持前瞻性的战略定位和市场竞争力导向，持续进行技术创新和产品研发升级。概伦电子建立的"设计工艺协同优化"（DTCO）创新 EDA 方法学及专业的产品和服务得到了行业的高度认可，主要

---

① 见资料 5-17。
② 见资料 5-18。

客户包括台积电、三星、SK 海力士、美光（Micron）、联电、中芯国际等全球领先的集成电路企业[①]。在新的人工智能热潮中，与华大九天类似，概伦电子在 2023 年 3 月的机构调研中表示，目前 EDA 领域学界、业界都已注意到人工智能对 EDA 产业变革的巨大驱动力，AI 辅助 EDA 已成为业界共识和不可阻挡的发展趋势，公司将密切关注人工智能等与 EDA 领域相关的前沿技术的发展。[②]

3. 芯片制造端

芯片制造端在整个半导体产业链中的地位至关重要。芯片制造环节主要由晶圆厂负责，它们根据设计公司提供的电路图，通过复杂的制程流程将半导体的物理形态制造出来。这个过程涉及多项技术，包括光刻、蚀刻、离子注入、化学气相沉积等，每一步都需要精确的控制和操作。芯片制造环节的主要任务是精确地实现设计公司的设计要求，同时保证芯片的质量和性能，而完成这个任务的前提是高精度的设备和严格的质量控制。高精度的设备可以确保每个制程步骤都能被精确地执行，严格的质量控制则可以确保所有芯片都达到或超过预期的性能标准。任何微小的误差——无论是设备的精度问题，还是制程的控制问题——都可能影响芯片的性能，甚至导致整批芯片报废。

目前，芯片制造企业正在积极探索人工智能在芯片制造中的应用，以提高生产效率、降低生产成本、提升产品质量、优化生产流程等，人工智能与半导体产业链专用 SaaS（软件即服务）的结合成为热

[①] 见资料 5-18。
[②] 见资料 5-19。

门解决方案。这种解决方案从全产业链的角度进行设计，能够自动接入晶圆厂和封测厂的生产数据，实现原厂与代理商的业务协同，提供在线技术支持和采购协同，帮助半导体企业以最经济、最便捷的方式全面实现数字化转型。在这方面，国内的寄云科技和斗石信息都有不错的技术实力和产业积累。

同时，许多企业也在积极探索人工智能在改进 AOI 算法方面的应用。例如，研扬科技集团（AAEON）与 AOI 供应商合作，开发了用于 AI 推理的嵌入式工业机器视觉计算平台和多处理器扩展卡；Marantz 结合人工智能技术的 PCB 组件检测系统 MEK ISO-Spector M1A，可以基于人工智能技术学习组装和回流 PCB 的生产过程值，并根据数百个预设参数来识别缺陷。

除了前面介绍的这些企业，许多知名的大型半导体制造企业也利用人工智能技术进行了大刀阔斧的改革，其中以英特尔、台积电、美光、Applied Materials 最为典型。下面对这些半导体制造巨头的 AI 布局进行详细介绍。

（1）英特尔的 AI 布局

英特尔是全球知名的半导体芯片制造商，以其强大的芯片制造能力而闻名。英特尔不仅在微处理器领域占据领先地位，其制造的芯片也广泛应用于各种电子设备，包括个人电脑、服务器、移动设备等。英特尔的芯片制造能力在业界一直处于领先地位，先进的制程和严格的质量控制使其产品在性能、功耗、稳定性等方面都有出色的表现。

目前，英特尔已经建立了一套通过大规模利用人工智能技术为其商业运营创造价值的解决方案。这些解决方案主要针对特定的问题，涉及生产线上的缺陷检测、良率分析，以及二者之间的多个步骤，并使用可衡量的指标来判断 AI 的使用效果。在过去的 20 多年里，英特尔大规模部署了面向制造的人工智能解决方案，涉及数千个人工智能模型，包括自动缺陷分类、根本原因分析及筛选测试中的探针卡检测，不仅创造了数百万美元的商业价值，还提高了制造流程的速度、良率和生产力。

（2）台积电的 AI 布局

台积电是全球最大的专业半导体代工厂，也是全球第一家提供 10nm 和 7nm 制程的半导体企业。台积电为全球众多知名电子公司提供先进的集成电路制造服务，其客户包括苹果、高通、英伟达等。台积电以其卓越的技术实力和高效的生产能力，在全球半导体行业占据重要地位。

近年来，台积电整合人工智能、机器学习、专家系统和先进算法，构建了智能制造环境。智能制造技术广泛应用于员工生产力调度、设备生产力调度、工艺和设备控制、质量防御和机器人控制，以优化质量、生产力、效率和灵活性，同时最大限度地提高成本效益并加快整体创新。

此外，台积电整合了智能移动设备、物联网、移动机器人等新应用，结合智能自动化材料处理系统（AMHS）及晶圆制造数据收集和分析功能，有效利用制造资源，最大限度地提高制造效率。AMHS 提供了快速启动、短周期、稳定的制造、准时交付和总体质量满意度等特性，并提供了极大的灵活性，可以在需要时快速支持客户的紧急拉入请求。

（3）美光的 AI 布局

美光是全球领先的半导体解决方案提供商，也是全球最大的半导体存储及影像产品制造商之一，其主要产品包括 DRAM、NAND 闪存、NOR 闪存、SSD 固态硬盘和 CMOS 影像传感器。

通过一篇题为"Using Machine Learning in Fabs"的文章引用的美光公司相关人员的信息可以梳理出，其主要在缺陷分类和设备或机台的预测性维护方面进行了人工智能布局。

（4）Applied Materials 的 AI 布局

Applied Materials 是全球最大的半导体制造设备和服务供应商，其主要产品与芯片制造有关，如原子层沉积、物理气相沉积、化学气相沉积、电镀、侵蚀、离子注入、快速热处理、化学机械抛光、测量学和硅片检测等。Applied Materials 还将配套的软件、质检服务提供给营运客户，如晶圆厂与屏幕工厂的各式半导体制造商。

作为全球最大的半导体装备公司，Applied Materials 在将人工智能与半导体制造业相结合方面走在了前列。2021 年 4 月 5 日，Applied Materials 宣布推出 AIx（Actionable Insight Accelerator）平台。AIx 平台能够帮助工程师实时监测半导体制程，进行数百万次晶圆和单芯片测量，优化数千个工艺参数，从而优化半导体的性能、功耗、尺寸等并缩短上市时间。AIx 平台适用于所有应用材料工艺设备、eBeam 计量系统和检测系统，且其应用场景可从实验室扩展至工厂。

Applied Materials 相信，人工智能有助于节省时间、更早地发现问题、降低制造成本。在理想的情况下，AIx 平台能够帮助半导体制造商分析缺陷出现的原因并降低缺陷率。

第 5 节 "AI+电子科学"的政策启示

在过去数十年里,我国的半导体行业一直处于追赶的状态。由于技术门槛高、投入大、周期长等问题,我国在这个领域与发达国家相比一直存在一定的差距。然而,随着人工智能技术的飞速发展,我们看到了一个前所未有的机会。

人工智能技术的发展为半导体技术的创新提供了新的动力。通过人工智能,可以优化半导体的设计和制造过程、提高生产效率、降低生产成本。同时,利用人工智能,可以实现更精准的性能预测和故障检测、提高半导体产品的稳定性和可靠性。这些都为我国半导体领域的发展提供了新的可能,也成为一个"弯道超车"的绝佳机会。为了更好地抓住这次机会,推动我国半导体行业的发展,可以从以下三个方面发力。

1. 加快半导体产业的国产产品替代

我国的半导体产业在过去的数十年里一直面临国际垄断企业的价格支配,核心设备大多依赖进口,导致产业链中的多个环节容易受国外企业的控制。随着中美贸易摩擦的升级,美国对我国的一系列政策也对我国的半导体产业产生了重大冲击。2018 年,美国以违反对伊制裁为由对华为及其 70 多家关联企业实施了出口管制,限制华为使用美国技术和产品。2019 年,美国又将 8 家中国人工智能企业列入"实体清单",禁止它们购买美国的技术和设备。2020 年,美国更是出台了一系列针对中国半导体产业的新规定,从设计、制造、封装、测试到应用，对中国进行全面制裁。2023 年，美国限制中国购买重要的高端芯片，包括 A100、H100、A800、H800 等 AI 芯片，甚至将主要用于游戏场景的消费级芯片 RTX4090 列入出口管制名单，实施对华禁售。此外，美国将壁仞、摩尔线程等 13 家中国 AI 芯片企业列入出口管制"实体清单"，进一步升级了对中国半导体的制裁力度[1]。这种情况使我国的半导体行业陷入被动局面，迫使我国采取更加积极的措施来加快国产替代进程。

在这样的背景下，面对人工智能的全新发展机遇，可以从以下方向推进国产替代。

- 加强引导人工智能在半导体设计、制造中的研究和应用：政府部门可以设立专门的研究基金，支持半导体设计、制造领域的人工智能研究和开发，包括利用机器学习和深度学习技术优化半导体生产流程、提高产品质量和降低生产成本。
- 培养人工智能与半导体领域的跨学科人才：政府部门可以鼓励高校设立人工智能与半导体领域的跨学科专业，培养具有扎实的半导体知识和人工智能相关技能的人才，还可以提供奖学金和研究资金，以吸引更多学生投身这一领域。
- 建立在半导体生产中利用人工智能技术的相关标准：政府部门可以推动建立人工智能在半导体领域的测试和认证标准，让企业在利用人工智能技术进行故障预测和维护时有相应的标准可以参考，从而提高半导体产品的稳定性和可靠性。

---

[1] 见资料 5-20。

2. 政策引导进行产业链跨领域协作

半导体产业链包括设计、制造、封测等多个环节，要在每个环节都有足够的实力，以确保整个产业链的稳定。

政府部门可以鼓励企业进行跨领域合作，共同完善产业链，相关措施包括：鼓励设计公司和制造公司进行深度合作，共同研发新的半导体产品；鼓励制造公司和封测厂进行合作，共同优化生产流程；鼓励上游企业和下游企业进行合作，共同推动半导体产业链的发展。此外，政府部门可以通过政策引导，如提供税收优惠、贷款支持等，鼓励企业在半导体产业链的各个环节进行投资。

除了推动半导体产业内的协作，政府部门还可以推动半导体企业与人工智能企业合作，共同开发集成人工智能相关功能的芯片和系统。对于此类合作，政府部门可以采取支持创新项目、提供技术合作奖励、促进跨行业合作的措施进行积极引导。一方面，人工智能产业本身的技术积累，可以帮助半导体产业提升各生产环节的效率、降低成本。另一方面，人工智能底层算力设施的进步是以半导体产业的发展为前提的，而这有利于将最终的合作成果直接转化成人工智能产业的生产力。通过政策引导人工智能产业与半导体产业的互通和协作，有利于形成良性的产业循环，进一步扩展产业生态。

3. 加快 AI 芯片制造落地

人工智能产业与半导体产业是互相促进的关系。让半导体产业更好地利用人工智能的前提是拥有充分的算力，而这与 AI 芯片这一核心技术密切相关。

政府部门需要在 AI 芯片制造方面加强政策引导。根据 2023 年的情况，各地都已有相关政策出台。部分地区的 AI 芯片相关政策，如表 5-1 所示[①]。

表 5-1　部分地区的 AI 芯片相关政策

地区	相关政策
北京	《关于征集 2023 年度"中央引导地方"专项人工智能领域储备课题的通知》
深圳	《深圳市加快推动人工智能高质量发展高水平应用行动方案（2023—2024 年）》
上海	《上海市推动人工智能大模型创新发展若干措施（2023—2025 年）》
南京	《南京市加快发展新一代人工智能产业行动计划》
杭州	《杭州市人民政府办公厅关于加快推进人工智能产业创新发展的实施意见》
四川	《中共四川省委关于深入推进新型工业化加快建设现代化产业体系的决定》
重庆	《重庆市以场景驱动人工智能产业高质量发展行动计划（2023—2025 年）》
福建	《福建省新型基础设施建设三年行动计划（2023—2025 年）》
宁夏	《促进人工智能创新发展政策措施》

[①] 见资料 5-21。

第 6 章　AI 与能源科学

能源是人类社会的血液，对能源的利用程度决定了人类社会的发达程度。随着科技的飞速进步，人工智能逐渐成为能源科学领域的一颗明珠，为能源产业带来前所未有的机遇，推动绿色能源、能源效率和能源管理多点变革。本章将深入探讨 AI 与能源科学的关系，揭示人工智能将如何改变未来能源的面貌。

第 1 节 "AI+能源科学"的发展背景

人类社会的发展历程与能源的利用密不可分，从最早的火种采集，到现代的电力系统，能源科学一直在推动文明前进。然而，我们正面临日益增长的能源需求和环境问题，这迫使我们去寻找新的、可持续的能源解决方案。在这个重要的阶段，人工智能的崭新应用正在为能源科学带来深刻变革。下面对人类利用能源的历程进行回顾，并在此基础上就 AI 对能源科学的重要意义进行讨论。

1. 人类利用能源的历程

在原始社会，人类利用能源的方式非常简单，就是借助阳光晾干食物，以及实现照明、取暖等基本的生存需求。除了阳光，火也是常被人类利用的能源之一。偶尔遇到闪电引起的森林火灾，人们会将火源保存起来，供烹饪、取暖、驱赶野兽之用。到了石器时代的部落社会时期，除了使用阳光、火这些自然能源，人们还发明了钻木取火，开始使用人造火源。在这个时期，如果要生火，就得先找两块干燥的木头，将细长的那块作为"钻杆"，将另一块作为"底板"。人们将钻杆的一头磨尖，在底板上挖一个小洞，在小洞里放一些易燃的木屑，然后将钻杆垂直放在底板上的小孔中，用手快速而有力地旋转钻杆，使其在底板上不断摩擦。持续的摩擦会产生热量，温度开始升高。当温度到达木屑的燃点时，木屑就开始燃烧。

后来，在漫长的岁月中，人类不仅找到了多种更可靠且高效的取火方式，如火镰、火石等，也发明了很多保存火种的技术。人们会在炉火熄灭后保存一些燃烧的木炭，然后在需要时用这些木炭引燃新的火焰。此外，能源的利用方式更多了，除了使用人力和牛马进行农业生产，人类也开始利用风能和水能，如利用风能驱动风车和帆船工作、利用水能驱动水车浇灌农田。得益于能源利用方式的多样化，出现了多种工业形式，如采矿、冶炼、金属锻造等。

  到了 18 世纪，得益于蒸汽机的出现，从英国发起的第一次工业革命将人类的主要生产方式从手工生产逐渐转换为机械生产，人类开始将煤炭作为能源来驱动机器，不仅大幅提升了能源的利用效率，也大幅提高了生产力。19 世纪末 20 世纪初，第二次工业革命带领人类进入电力时代。电力的使用让工厂选址不再受煤矿位置的限制，人们可以在任何地方开设工厂，生产的灵活性大幅提高。同时，包括石油在内的更多化石能源的利用，使生产力进一步提高，丰富多样的工具也随之出现，如电灯、电话、汽车、飞机等，人类逐渐步入现代社会。

  步入现代社会，科技迅速改变我们的生活，也让我们面临更大的挑战——能源危机，尤其是在第二次工业革命之后，全球的化石能源被快速消耗。根据 Vaclav Smil 的能源转型研究及世界能源统计审查数据，1950—2000 年，化石能源的消耗增加了 8 倍[①]。我们知道，化石能源具有有限性和不可再生性，所以，照此速度发展下去，人类必然会面临化石能源枯竭的危机，而枯竭一旦发生，社会将无法继续发展，人类的文明进程将会终止。为了实现社会的可持续发展，人类寻找代替化石能源的可再生能源的脚步从未停止，这也是 21 世纪人类科研活动的主要方向之一。

---

① 见资料 6-1。

化石能源的利用也给环境带来了许多问题，如全球变暖带来的气候变化导致极端天气事件越来越多，工业生产过程中不当利用化石能源造成空气污染、水污染、土壤污染等。这些问题不只是对人类的巨大威胁，更是对全球生态的巨大威胁。作为这颗蓝色星球的一分子，这些问题亟待我们解决。所以，能源利用的清洁化和高效化也是能源科学研究中的关键课题。

然而，能源科学的研发和优化是一个非常复杂且充满挑战的过程，面临稳定性、安全性、经济效益、环境影响、政策法规、存储运输等多个维度的问题与挑战，这些都将阻碍新技术的发展与应用。此外，由于化石能源不断被消耗，所以，新能源的研发速度要能赶上化石能源的消耗速度，人类的文明才能延续。这样的紧迫局面让新能源的研发刻不容缓，如何降本增效、提高研发速度则成为解决问题的关键。随着 AI for Science 的发展，人工智能逐渐成为能源科学领域的润滑剂和助推剂，在能源科学研究及产业落地方面发挥着越来越重要的作用。

2. AI 对能源科学的重要意义

21 世纪，能源科学迅猛发展，能源的清洁化和高效化成为人类必须面对的课题，而在研发过程和行业应用中，与之相伴的具体问题却越来越复杂。人工智能凭借在处理海量异构数据方面的独特优势，可以为解决这些复杂问题提供有效的帮助。当前，人工智能技术正推动全球能源行业产生巨变，无论是在能源科学的基础研究中，还是在能源科学的应用和转型研究中，人工智能扮演的角色都越来越重要。

虽然目前全球都在探索能源转型的道路，但化石能源依然是全球能源结构的重要部分，所以，如何找到更多的化石能源仍然是一个重要的科研课题。要想理解人工智能对这一课题的价值，首先要了解石油、天然气等传统化石能源的开采过程。这一过程主要分为勘探、钻井、提取、生产四步，其中勘探是最关键的，其原因是有了可开采的能源，才能实施后续步骤。

在传统勘探中，首先由科研人员使用地质勘探和地球物理勘探等技术收集地表地质数据，如岩石类型、地层结构、地质结构、矿物质存在情况等，然后由地质学家分析这些数据，以推测某地点有可开采能源的可能性，最后通过钻探获取岩心样品，帮助地质学家判断该地点是否有可开采的能源。然而，随着化石能源不断被开采，新的可开采化石能源将越来越难寻找，所以，未来的石油和天然气勘探可能需要在更深、更复杂的地质环境中进行，而这无疑会增加勘探的难度和成本。此时，人工智能的重要性不言而喻：一方面，科研人员可以利用人工智能强大的数据处理能力进行辅助判断；另一方面，科研人员可以利用人工智能生成可视化的地质结构图像，以直观地设计和执行开采工程，降低开采的难度与成本，提高开采的成功率。

在化石能源研究领域还有一个重要的研究课题，就是如何推动化石能源的高效环保利用。人工智能工具可以辅助完成化石能源的提取与转化过程，以提高燃烧效率、减少污染物的排放。

在对代替化石能源的可再生能源的探索中，人工智能同样非常重要。人工智能在电池技术、太阳能技术、风能技术、水力发电技术、核能、氢能、热电技术及储能系统等多种可再生能源相关技术的研发中发挥着重要作用，科研人员可以利用人工智能工具进行建模和数据处理分析，完成可再生能源研究中的材料、结构、生产工艺、能源效率、能源管理等方向的工作。合理利用人工智能技术，既可以保障研发过程的安全性、节约人力和物力，又可以缩短研发时间。要想实现可再生能源的研发速度超过化石能源的消耗速度这一目标，人工智能也许是关键一环，这将对人类文明是否能够以可持续的方式发展和传承下去产生直接影响。

除了化石能源和可再生能源的研发过程，人工智能还可以加快传统能源行业的数字化和智能化转型（能源转型）。能源转型的主要目的是优化能源的生产和供应，提高能源的使用效率，提供精准的能源服务，在减少能源浪费的同时降低因使用能源对环境造成的不良影响。例如，可以使用深度学习算法预测电力供需变化，从而对电力系统的调度进行优化，这种优化可以减少电力损耗、提高电力系统的运行效率。

总之，无论是现在还是未来，人工智能都会推动能源科学向前发展，帮助我们更好地理解、利用和保护能源资源。人工智能将成为我们探索清洁、高效、可持续能源的关键工具，为人类文明的可持续发展提供强有力的支持。

第 2 节　"AI+能源科学"的落地应用

AI 在能源科学领域的应用主要有三个方向，分别是化石能源科学研究、可再生能源科学研究和能源转型。

1. AI 与化石能源科学研究

化石能源作为不可再生资源,其储量是有限的,"开源""节流"是化石能源研究的关键词。如果能实现"开源""节流",就可以有效延长化石能源的使用年限,为可再生能源的研发争取宝贵时间。另外,为了维持全球气候与生态的稳定,降低因使用化石能源造成的环境污染,进而实现人类社会的可持续发展,除"开源""节流"外的一个关键词是"清洁化"。化石能源的基础科学研究主要围绕这三个关键词进行,而人工智能技术在其中发挥了重要的作用。

(1)开源

人工智能可以帮助寻找潜在的化石能源储存地点、优化勘探策略,以及通过对勘探过程进行风险评估来防止可能的溢油事件发生等,进而提高能源勘探的速度、效率与安全性,即"开源"。在化石能源微观层面的基础科学研究中,人工智能同样功不可没。开采石油、天然气等化石能源后将其转化成燃料的过程,包括石油炼制、天然气处理等。在这一过程中应用人工智能技术提高转化效率,将直接提高能源的利用效率。

以石油炼制为例,原油主要由不同的碳氢化合物混合而成,经过炼制才能分离出高价值成分。通过蒸馏,可以将这些高价值成分中不同沸点的碳氢化合物组分分离,分别用于制造汽油、柴油、航空燃料、润滑油等产品。在原油中,对于沥青、树脂这类高分子量的部分,如果直接使用,则处理难度高且价值低,所以,可以通过催化裂化将其转化成较"轻"的化合物,生产经济价值更高、更易处理的产品,如高辛烷值汽油、液化气。另外,石油炼制过程中的氢化处理工序可以去除原油中的硫、氮及金属等对人类和环境有害的杂质,提高石油产品的质量并降低对环境的影响。

由于上述石油炼制的转化过程涉及许多复杂的化学反应,所以,预测和过程优化就成了大问题,而人工智能技术可以很好地解决这些问题,为合成多种新的化合物提供反应步骤。而且,由于人工智能技术可以帮助研究人员模拟许多无法在实验室中进行的反应,所以,这丰富了石油炼制的重整过程。一个典型的例子是 IBM 开发的 AI 平台 RXN for Chemistry,它将机器学习引入化学研究,能够模拟和预测原油在裂解炉中的裂解反应,为高效研究石油炼制过程涉及的化学反应提供了新的途径。在这些化学反应中,催化剂也发挥了重要作用,人工智能则可以帮助研究人员找到最佳催化剂组合,以及预测和设计新的催化剂,从而提高化石能源的精炼效率。

除了石油炼制,天然气处理也是典型的"开源"场景。天然气主要由甲烷、乙烷、丙烷、丁烷等组成,也包含硫化氢、二氧化碳等杂质。和石油一样,天然气也要经过相应的处理才能达到民用标准,这一方面是为了提高燃烧效率,另一方面是为了去除硫化物、重烃、二氧化碳等杂质,防止天然气输送管道出现冷凝和腐蚀问题,同时减少对环境的污染。在天然气处理过程中,人工智能可以帮助优化处理过程,对环境和设备进行实时监控,从而及时发现潜在的安全隐患并预警,提高天然气处理过程的安全性。

(2)节流

在化石能源科学研究中,提升燃烧效率和能量转化效率是非常重要的。如果燃烧效率和能量转化效率有所提升，那么输出相同能量所需的化石能源量将会下降，即实现"节流"。要想理解人工智能在其中的作用，就需要了解燃烧的过程。

燃烧是一种复杂的化学反应过程，涉及流体力学、传热学、燃烧化学等多个学科。对燃烧的研究是一种典型的多尺度研究，涉及量子、分子、宏观流体等多个尺度及各尺度效应在真实燃烧器中的耦合。以航空发动机为例，能源燃烧的流体力学研究是非常重要的，它不仅会影响发动机的推力性能，还会影响发动机的散热性能、噪声及安全性等。传统的数值方法对能源燃烧湍流等复杂模型的处理效果差强人意，而人工智能为解决这个问题开辟了一条全新的研究路径。

大涡模拟（LES）与人工智能关系密切。LES是常用的湍流燃烧模型，也是用于流体动力学计算的数值模拟方法。LES通过直接模拟大尺度的涡旋，并利用统计模型近似描述小尺度的涡旋，揭示湍流燃烧的诸多重要特性，如涡旋的生成、演化和破碎过程，以及湍流的结构、脉动强度等。但问题在于，多大的涡才算是"大涡"呢？"判断尺度"不能过大，也不能过小：如果过大，则反应速率的计算结果不够精确，无法获得想要的研究结果；如果过小，则模型的计算量过大，耗费的计算资源过多。2019年，国际燃烧学会主席Thierry Poinsot的团队提出将卷积神经网络用于湍流燃烧建模[1]，模型通过详细分析不同的"判断尺度"对湍流火焰反应速率的贡献值来快速、准确地计算高贡献值的"判断尺度"的边界，在大幅降低计算成本的同时，表现

---

[1] 深势科技，2023版《科学智能（AI4S）全球发展观察与展望》。

优于经典代数模型。根据王建春博士在"力学者说"论坛所做报告[①]，机器学习已被广泛应用在流体力学领域的多种计算模型中，且在效率和精度上均优于传统计算方法。

在燃烧化学机理的研究方面，人工智能也提供了很多帮助。经过多年发展，这一领域的研究已经从单步化学反应发展到组分数量成千上万的庞大体系，过程也越来越复杂，而人工智能可以帮助突破传统计算方法的精度和效率瓶颈。利用人工智能技术，可以计算模拟预测中随时间变化的化学反应过程、进行反应产物调控等，帮助科学家深入理解燃烧反应的机制，指导燃料利用方案的优化、高性能发动机的设计制造等，从而拓展化石能源的应用研究边界。

（3）清洁化

在化石能源科学研究中，对应于关键词"清洁化"，人工智能也有诸多应用。

在燃料燃烧不充分的情况下会产生碳烟，碳烟中的多种有毒物质会对人体和环境造成危害，其中一些物质甚至有致癌的风险，所以，学界一直在研究燃烧过程以期控制和减少碳烟的排放。不过，由于碳烟中的原子级物质很多、形成过程复杂，所以，传统实验很难揭示其全貌。

人工智能为揭示燃烧过程中分子级别的物理化学变化提供了高效的思路和方法。例如，华东师范大学和上海纽约大学利用人工智能

---

① 参见"力学者说"论坛第2期，"基于机器学习的湍流模型研究进展"（资料6-2）。

模型描述煤燃烧的反应过程，对包含 4000 多个原子的煤燃烧反应系统进行模拟，分辨率达到飞秒级（0.1fs），初步揭示了煤燃烧形成碳烟的过程，并提供了大量相关数据[①]。

2. AI 与可再生能源科学研究

过度依赖化石能源造成了环境污染、气候变化、生态破坏等一系列问题，而可再生能源提供了环保且可持续的能源解决方案，其科学研究也早已成为世界各国发展的重要战略。如何高效利用可再生能源、降低生产和使用成本，是当前科学家的重要任务，快速发展的人工智能技术则为科学家的研究工作注入新的动力，并解决了研究过程中的许多问题。下面将从各种可再生能源的角度，对 AI 在可再生能源科学研究领域的应用进行介绍。

（1）AI 与太阳能

太阳是地球上一切能源的根本来源，太阳的能量推动了生命的形成，塑造了人类文明。在太阳的能量推动生命进化的同时，进化也影响着生命利用太阳能量的形式。就自然演化而言，从 35 亿年前细菌的非氧化光合作用，到 24 亿年前蓝藻的氧化光合作用，再到 20 亿年前植物利用叶绿体进行光合作用，能源的利用效率一直在上升。人类对太阳能量利用的探索也从未停止，从日常生活中的晾晒，到农业耕种，再到太阳能发电的广泛应用……如今，得益于人工智能的快速发展，人类对太阳能的利用也进入了新阶段。

---

① 见资料 6-3。

现代太阳能产业应用主要基于太阳能电池①的光电效应（电池利用特殊材料吸收光子的能量，使电子跃迁到新的位置，从而将太阳的能量转化成电流）实现，具体包括光伏、太阳热能、太阳能建筑、太阳能照明等。太阳能产业链包含多个环节，如电池原材料生产及光伏系统的集成、安装、运行、维护等。

目前，光伏研究体系里常见的电池原材料包括硅、砷化镓、铜铟镓硒和钙钛矿。采用传统研究方法对这些材料进行研究的主要技术难点包括如何提升光电转化效率、如何降低光诱导降解速率、如何控制电池柔度与光电转化效率的平衡、如何提升钙钛矿结构的稳定性，而人工智能技术的发展可以为研究人员解决这些问题提供新的方法。

在光电转化效率上，晶格不完整、杂质掺杂、缺陷态等材料缺陷可能会导致电子传输受阻，进而影响转化效率。以技术成熟的晶硅太阳能电池为例，其光电转化效率已经到了极限，而利用 AI 预测特定温度和压力下材料缺陷的变化，可以帮助研究人员在生产过程中控制参数，以优化微观缺陷，甚至挖掘出突破光电转化效率瓶颈的方法。

然而，就不同类型的太阳能电池本身而言，人工智能在研究中的作用也不一样。例如，在砷化镓太阳能电池的研究中，人工智能就得到了充分的应用。砷化镓虽然有良好的光吸收能力，但在强光下可能出现光诱导降解（也称光腐蚀），其表面的杂质能级在强光下可能会吸收光子，从而产生热电子，导致材料结构被破坏和性能下降。在实际应用中，可以通过 AI 工具实时监测光伏系统的工作状态，预测电

---

① 基于内容定位，本书在讨论太阳能产业的应用时，不对太阳能电池、太阳能电池板、光伏板、光伏组件等做细致的区分，将它们统称为"太阳能电池"。

池的性能退化时间,并及时给出维护方案。在基础科研中,研究人员也可以利用 AI 工具研究微观层面上材料的腐蚀机理,从而寻找可行的解决方案。

在铜铟镓硒太阳能电池的研究中,人工智能也发挥了很大的作用。铜铟镓硒太阳能电池是一种薄膜太阳能电池,具有轻薄和可塑的特点,可以制成柔性产品,实现很多传统硅基电池无法实现的应用,如可穿戴设备、便携式设备及一些航空航天应用等,而不同元素的比例对电池的性能有重要影响。人工智能技术可以帮助科研人员找到最优的元素比例,对电池的性能进行调整和优化。

例如,理想的铟/镓比例可以帮助调整铜铟镓硒的能隙,即两个允许电子存在的能级之间的"空隙"。能隙过大,意味着只有光谱中波长短的高能量光子(如紫外光)才能激发电子产生电流,能量较低的光子(如红光、红外光)则无法被利用,这样就会限制电池的光电转化效率。能隙过小,意味着相邻能级的差距不大,电池材料的电子虽然容易被激发,但激发电子跃迁后的能量比较低,导致电池的输出电压较低,同样会限制光电转化效率。因此,调整铜铟镓硒的能隙,可以优化电池对太阳光谱的吸收能力和电池电压。一般来说,随着镓含量的增加,铜铟镓硒的能隙会变大,对短波光的吸收能力会增强,但对长波光的吸收能力可能会减弱。除了铟/镓比例,铜/硒比例也很重要,它会影响电池的稳定性,比例过高或过低都可能导致电池性能降低或寿命缩短。通过机器学习等人工智能技术,无论是铟/镓的比例,还是铜/硒的比例,都能找到一个平衡点。

除了元素比例,铜铟镓硒太阳能电池的柔性衬底可能会在高温下发生形变,从而影响电池的性能。在选择柔性衬底时,AI 工具可以通过预测不同温度、湿度、机械力对柔性衬底的影响，帮助科研人员分析使用不同柔性衬底时电池的性能和稳定性，从而缩短优化周期、提高生产效率、降低应用成本。

钙钛矿太阳能电池是近年来一个火热的研究和投资赛道，其中也有应用人工智能技术的空间。钙钛矿太阳能电池本身具有光电转化效率高、制造成本低、轻便、透明等多种优势，在建筑一体化、窗户、可穿戴设备上有巨大的应用潜力。然而，钙钛矿电池也有一些缺点，如电池长期运行的稳定性低，电池在高温、高湿和长时间光照的影响下会发生降解，根据目前的研究，其平均使用时间只有约 1000 小时，远低于晶硅太阳能电池平均约 20 年的使用寿命。此外，钙钛矿电池在实际大规模生产时的光电转化效率比在实验室中低。这两个问题也是目前钙钛矿电池商业化落地的最大技术难题。为了攻克这些问题，全球各大科研团队利用密度泛函理论（DFT）深入研究钙钛矿分子表面的性质对电池稳定性和光电转化效率的影响，但受传统 DFT 计算成本高昂及经验参数不足的限制，电池材料体系的分子动力学模拟的准确率和速度都差强人意。2022 年，华北电力大学高正阳教授团队为了打破传统研究方法的局限，利用 DFT 的计算数据建立了一种描述钙钛矿电池体系的人工智能模型。借助该模型，他们在不同的温度下对 5 万个原子的体系进行了 1ns 时间尺度的分子动力学模拟，获得了实验所用钙钛矿材料结构的演化过程，大幅提升了计算效率。其他钙钛矿太阳能电池的研究也可以借鉴这种高效的模拟方式和思路，加快研发进程。

（2）AI 与水能

地球上的许多物质在太阳能的驱动下会发生多种物理循环和化学循环，其中水循环是最常见的一种。水循环过程中蕴含着大量的动能和势能，统称为水能。水能是重要的清洁能源。水力发电作为最常见的水能利用形式，是全球最大的可再生电力来源之一。水力发电的原理是通过建造大型水坝来控制水流，并将水流引向水轮机来产生电力。然而，水电项目可能会对水生生态系统造成显著影响，包括改变河流流量、影响鱼类和其他水生生物的迁徙。为了减轻水电站对环境的影响，相关研究人员可以利用 AI 对环境数据进行处理，以帮助预测和评估水电项目对生态环境的影响，给相关政策的制定及水电站的选址提供建议。此外，生态学家可以利用以往的数据，通过深度学习算法预测某个地区鱼类的迁徙模式和规律，让水电站做出相应的运行调整，尽可能降低水电站对当地生态环境的影响。

除了前面提到的问题，水力发电面临的另一个问题是其稳定性容易受气候变化的影响，尤其是在遇到极端天气时。例如，2022 年夏季川渝地区曾因多日高温天气导致水电站蓄水量不足，出现了限电、停电的情况，严重影响了人们的生活和生产。对于该问题，研究人员可以利用往年的数据训练人工智能模型，然后使用该模型预测当前水库的水位、流量等参数的变化情况，从而优化水电站的产能并帮助制定应急预案。不仅如此，研究人员还可以利用 AI 优化各种水力发电设备，如在水轮机的设计中，通过模拟对比多种水轮机设计方案，找到最佳设计参数，提高水力发电的效率。

（3）AI 与风能

与水循环类似，大气循环也是由太阳能驱动的。由于太阳直射地球表面的区域和角度不断变化，所以，地球表面的温度会随之变化，形成温差：温度高的区域空气变热上升，形成低压区；温度低的区域空气变冷下沉，形成高压区。空气从高压区流向低压区就形成了风，其流动产生的动能称为风能，人们主要通过风能发电机来利用风能。与水能相似，受风速影响，风能也不稳定，而 AI 可以通过学习历史风速数据和电力产量数据预测未来的风速和电力产量，提高风能系统的可预测性。此外，可以利用 AI 优化发电机叶片的形状和材料，帮助工程师设计出更高效的发电机，还可以通过 AI 分析叶片的振动数据，预测叶片的磨损情况，以便及时进行维护和更换。

（4）AI 与热能

热能是当前被普遍认为最清洁但最难用于发电的能源类型之一，其利用形式主要包括地热能发电和海洋热能发电，二者都是利用温差发电的原理运作的。当热量从高温物体向低温物体流动时，发生热能向机械能转换，机械能驱动发电机转动，产生电能。在应用上，研究人员可以利用 AI 分析与地质、气候、海洋等有关的多种因素，识别地质结构和气候模式，对地热能和海洋热能资源进行定位和评估。

不过，地热能和海洋热能也有其应用痛点。一方面，因为对地域本身的环境要求极高，加上发电站的建造成本巨大，所以限制了二者在全球范围内的大规模应用。另一方面，随着新型热能材料研究的深入，一些小型的、灵活的、低成本的热能应用得到了研究者的关注，如环境热量收集、工业废热回收发电、太空放射性衰变热能转换、物联网设备供电等。人工智能技术在这些新型热能材料的应用中发挥了重要作用。例如，对于硼亚磷化物等高温热电材料的研究，人工智能在极端高温下的热电转换场景中有巨大的应用潜力。2022年，武汉大学和内华达大学的研究团队利用人工智能模型对硼亚磷化物进行分子动力学建模，同时预测了各向同性晶格导热系数及不同温度梯度下导热系数和温度的关系，预测结果与实验结果的一致性良好，该模型为以后研究硼亚磷化物提供了全新的理论基础，并为这种高温热电材料的最终商业化落地提供了帮助[①]。

（5）AI与氢能

氢气是一种能量密度极高的重要能源载体。氢气燃烧产生的能量被称为氢能，每千克氢气可以提供约12MJ（28.6Mcal）的能量，相同质量的氢气燃烧产生的氢能是焦炭、汽油等化石燃料的2~4倍。氢能的转化效率极高，可以达到83%，而其点火能量很低，所以，综合多种因素，氢能汽车比汽油汽车的总燃料利用效率高约20%。另外，氢气燃烧过程的主要产物为水且没有碳排放，使其成为清洁环保的能源载体。目前，氢能的利用形式主要有氢气燃料和氢气电池两种，但这两种形式都面临一系列的基础科学研究挑战。

氢（H）虽然是宇宙中"储量"最丰富的元素，但在地球上，氢元素主要是以化合物的形式存在的，如水（H_2O），所以需要通过特殊的制备过程获取氢气。常见的氢气制备技术路线包括化石能源制氢、工业副产物制氢、电解水制氢、光解水制氢等。化石能源制氢的

---

① 见资料6-4。

适用范围最广，但缺点是原料利用率低下、产物需要提纯、工艺复杂且生成物中含有二氧化碳，不利于环保。对这些问题，研究人员可以利用 AI 模拟二氧化碳的产生和释放路径，从而优化碳捕获过程、提高碳捕获效率并有效减少二氧化碳的排放。同时，捕获的二氧化碳可以进一步得到利用，提高能源利用率。

工业副产物制氢的主要方式包括氯碱制氢、丙烷脱氢和乙烷裂解副产物制氢等，面临的挑战主要是反应体系过于复杂及潜在的环境污染问题。利用 AI 可以模拟制氢过程中的化学反应，这有助于设计和优化制氢过程、评估其对环境造成的影响。

电解水制氢具有产品纯度高和无污染的优点，但高成本限制了其大规模推广：一方面，电解过程需要使用贵重的金属催化剂，而催化剂的活性和稳定性较差；另一方面，由于电解过程能量消耗大，所以降低过程能耗、提高电解效率成为推广电解水制氢的关键。研究人员通过 AI 模拟催化反应对催化流程建模，构建高比表面积、高稳定性、高活性的催化剂结构，以期代替低效率的贵重金属。另外，可以利用 AI 优化电解过程的各个参数条件和整个电解系统设计，从而提高电解效率，降低应用成本。目前，虽然光解水制氢还处于早期的实验室研究阶段，并未得到实际应用，但人工智能技术对科研人员理解光解水的微观反应过程、发现新的反应机理而言是十分有效的工具。

由于氢有固、液、气三种状态，所以，需要根据不同的状态采取不同的存储和运输方式，但每种方式都有局限性，这主要是在不同状态下存储氢需要的设备和材料不同造成的。

二维碳就是一种优秀的储氢材料。2021 年，匹兹堡大学的研究团队利用人工智能技术对处于饱和储氢状态的石墨烷进行建模研究，各项物化指标精度良好,远超传统的研究方法,这为储氢材料的研发开辟了新道路[1]。

除了氢气燃料,氢气电池作为氢能的另一种利用形式,其当前研发环节遇到的一些问题也可以通过 AI 来解决。氢气电池的基本原理是氢气和氧气在电极上进行电化学反应,产生电流,将氢气中的化学能直接转换成电能。该过程通常需要使用贵金属催化剂(如铂)加快电极反应,这会导致燃料电池成本较高等问题,给大规模推广造成阻碍,所以,需要寻找稳定、活性好且便宜的催化剂来代替传统催化剂。另外,氢气电池在长期运行过程中,可能会出现腐蚀、堆积等现象,导致性能下降。目前,该领域的研究人员已经通过机器学习方法预测了数千种可能的催化剂材料,并通过 AI 建模来筛选综合性能优异的催化剂,大幅提升了研发效率[2]。利用 AI 构建的模型还可用于对燃料电池系统的设计和控制进行优化,以预测燃料电池在不同工况下的性能,提高系统的稳定性和可预测性。

(6) AI 与生物质能

生物质能是指由生物或其排泄物经过化学转化后得到的能源,可用来发电、作为燃料,以及制备氢气、甲烷等气体燃料,其原材料通常包括木材、作物、动植物及其废弃物等。

生物质能具有清洁环保和可持续的优势。但由于生物质能分布广泛、种类繁多,所以其收集和处理需要大量的人力和物力成本,再加

---

[1] 见资料 6-5。
[2] 见资料 6-6。

上目前生物质能的转化效率低，也限制了大规模的商业应用。人工智能在解决这些问题的过程中都可以发挥作用，如通过分析气候、土壤、生物质种类等数据，对生物质资源的收集工作进行优化，降低收集和处理成本，并帮助评估对环境的影响。例如，2021年IBM的研究人员使用人工智能技术分析和预测生物质能生产的关键因素，包括植物的生长情况、生物质转化的效率等。通过使用这类机器学习模型，研究人员能够预测和优化生物质能的生产过程，提高生物质能的转化效率。

（7）AI与核能

核能，又称原子能，是指在核裂变或核聚变过程中释放出的能量。目前，核能的主要应用领域是核能发电，其原理是当核材料在人为控制下发生核反应时，核能就会以热能的形式释放，热能驱动蒸汽机转化为机械能，机械能推动发电机组发电。

核能的释放过程主要涉及核裂变和核聚变。核裂变是指利用中子去撞击一个质量较重的原子核，使其分裂为两个或多个中等原子量的原子核，引起链式反应来释放能量；核聚变是指在高温条件下，将两个原子质量较小的原子核组合成质量较大的新核并释放大量能量[1]。需要注意的是，包括太阳在内的所有恒星都依赖核聚变来释放能量。

核能具有高效、清洁的特性，与太阳能、水能和风能相比，优势在于其稳定性和可靠性。核能发电不受天气和季节的影响，能够全天候持续供电。不过，核能也伴随着潜在的风险和危害，主要表现在大

---

[1] 来自维基百科。

量放射性物质的产生上。不当处理放射性物质可能会对人体健康和生态环境造成巨大的危害,这一点在切尔诺贝利事故和福岛核事故中有显著体现。

  在核能研究中,人工智能技术扮演着重要的角色。在地质勘探领域,AI 能够处理和分析大量的地质数据,这有助于科研人员确定铀矿的潜在区域,并为核燃料供应提供关键信息。此外,AI 能够在核燃料的采掘、提取及核废物处理过程中实时监测环境参数,以预防潜在的污染事件,确保核能研究和应用的安全性。AI 还能通过跨尺度建模来解释复杂的物理化学现象,如沸腾、流动、核反应等。这可以为新型核裂变系统的设计提供帮助,并提高其效率和稳定性。例如,美国洛斯阿拉莫斯国家实验室发布的 Automated Rapid Modeling 系统能够自动模拟和优化核裂变反应堆内的裂变过程,大幅提高了核工业的设计效率[1]。

  人工智能技术在可控核聚变领域也具有应用潜力。可控核聚变是一项追求模拟恒星内部能量产生过程的技术,理论上可以提供几乎无限的清洁能源。因为核聚变反应需要极高的温度和极大的压力,所以如何设计和制造一个可以在极端环境下稳定工作的反应器成为关键。对此,目前被认为可行性较高的方案是使用强磁场来悬浮和压缩等离子体的托卡马克(Tokamak)设计,如国际热核实验反应堆(ITER)项目[2]。等离子体是由离子和自由电子组成的气体,温度非常高,可以达到数百万甚至上亿摄氏度,这使原子核有足够的能量去克服电子云

---

[1] 参见世界核协会(World Nuclear Association)网站。
[2] 来自百度百科。

的排斥力，从而产生核聚变。将实验数据和 AI 模拟数据结合，最大限度地提高对聚变等离子体和燃烧等离子体状态的预测性理解，可以实现对托卡马克装置的实时监测和反馈：一方面，可以预防实验事故；另一方面，可以通过不断优化和调节参数来指导核聚变反应。麻省理工学院（MIT）的研究团队 2019 年在《自然》期刊上发表的研究成果表明，通过建立深度学习模型来预测核反应堆内的等离子体行为，可以提高核聚变反应的稳定性和效率[①]。

3. AI 与能源转型

联合国气候行动网站显示，化石能源的不断消耗是迄今为止造成全球变暖的最主要原因，化石燃料燃烧所排放的气体占全球温室气体排放总量的 75% 以上，占二氧化碳排放总量的近 90%[②]。全球变暖正在改变气候模式，破坏自然环境，山火、暴雨、洪水、热浪及近年来频繁发生的极端天气现象像是在给地球敲警钟，表明气候变化将给包括人类在内的所有地球生命造成极大威胁，能源向清洁化和去碳化转型迫在眉睫。

为了有效应对全球变暖等气候变化的长期威胁，各国早已提出相应的能源转型战略。例如，美国早在 1920 年就颁布了能源法案，2009 年 6 月颁布的《美国清洁能源安全法案》致力于降低美国的温室气体排放；中国在 2020 年提出了"双碳"目标，力争在 2030 年实现"碳达峰"，在 2060 年实现"碳中和"。在此背景下，能源转型形成了三

[①] 见资料 6-7。
[②] 参见联合国气候行动网站。

大发展趋势,分别是数字化、智能化和复杂化,而人工智能将在其中发挥重要作用,促进能源转型。

(1) AI 与能源数字化、智能化

21 世纪,人类社会进入数字化时代,数字化浪潮席卷千行百业,通过数字化技术和手段可以有效地提高效率并降低成本早已成为共识。能源数字化是指通过云计算、人工智能、物联网、区块链等数字化技术对传统的能源体系进行现代化改造,使能源生产、传输、分配和消费过程中的各种信息能够被收集、传输、处理和分析,以提高能源的效率、可靠性和清洁程度。能源智能化是指在能源数字化的基础上,运用先进的物联网工程、人工智能信息处理和人工智能决策等技术,使能源系统具有更强的自我调节、自我优化和自我决策能力。

在智能化的能源系统中,不仅能源设备和设施能够实现自动控制和优化运行,能源服务和市场交易也能实现智能化,为用户提供更好的体验和更高的价值。2023 年,《国家能源局关于加快推进能源数字化智能化发展的若干意见》发布,作为指导中国能源数字化智能化转型升级、推动能源高质量发展的重要纲领性文件,明确提出了加快推进能源数字化智能化发展的总体要求和各项任务举措,包括加快发电清洁低碳转型、支撑新型电力系统建设和促进数字能源生态构建等[①]。美国的能源部、联邦能源管理委员会和环保局早就发布了一系列政策和法规来推动能源数字化和智能化,包括电网现代化倡议、清洁电力计划等。

---

① 见资料 6-8。

由此可见，能源数字化和智能化已成为各国能源行业转型的关键环节。人工智能技术是实现能源数字化和智能化的关键工具，可用于优化能源产业的各个环节，包括能源的产生、传输、储存和消费等。由于 AI 可以帮助预测太阳能发电、水能发电、风能发电、核能发电等能源生产产量，所以，能源生产商可以利用这种预测方式有效地管理电力资源，合理地分配、调度不同来源的电力。在能源传输和储存方面，通过 AI 分析历史数据和预测电网需求与供应，可以实现电网的负荷平衡和优化，以避免供电过剩或供电不足，还可以监测电网和能源储存设备的运行状态，以实时发现和预测故障。在能源消费环节，可以利用 AI 工具，通过多种方式管理能源供给侧和需求侧：一方面，机器学习可以理解能源消费者的使用习惯和模式，优化能源分配，减少能源浪费，如通过分析历史数据和实时环境信息，自动调整住宅和商业设施的暖气或空调设备，以节省能源；另一方面，AI 工具可以根据天气预报和历史电力消费数据预测电力需求，以调整价格或向用户发送通知，鼓励用户在非高峰时段使用电力，还可以为用户提供个性化的能源使用方案，进一步提升能源使用效率。

（2）AI 与能源复杂化管理

能源复杂化是指在能源科学迅速发展和社会需求不断变化的背景下，能源系统变得越来越复杂、能源涉及的领域变得越来越广的趋势。能源复杂化主要体现在能源结构多元化、能源市场化、能源系统集成化和能源去中心化四个方面。

① 能源结构多元化

人类进入化石能源时代以后，化石能源一直是能源结构的主体部分，随着对环境保护的需要以及能源需求的增长，更环保清洁的新能源科学不断发展，能源结构呈多元化趋势，能源供应和消费结构中各类能源的比例也变得更加均衡。能源结构多元化主要涉及两个方面，分别是种类多元化和地域分布多元化。种类多元化是指除了化石能源，在能源消费中还要积极应用其他可再生能源，包括太阳能、风能、水能、核能、生物质能等。地域多元化是指，过去因过于依赖化石能源，能源的开采和使用往往集中在一些化石能源资源丰富的地区，这可能导致能源供应不稳定性、引发能源安全问题，随着能源种类的丰富，人们开始推动能源地域分布的多元化，尽量利用各地的能源资源，使能源供应更加稳定、安全。

在能源结构日趋多样化的过程中，如何有效地配置和调度各种能源资源是一个重要问题。人工智能可以帮助优化能源配置，准确预测能源需求和供应，智能化地调度和管理多元化的能源资源，从而提高能源利用效率，减少能源浪费。此外，在多元化的能源结构中，用户对能源的需求和利用行为也变得多样化。人工智能可以通过用户行为分析、智能推荐、智能服务等方式，结合当地能源结构的具体特征，满足用户的个性化需求，提升用户的能源使用体验和满意度。

② 能源市场化

在传统的能源市场中，由于能源资源的特殊性（如不可再生、易燃易爆等），能源产业往往由政府或大型企业垄断，市场化程度较低。

然而，随着科技的发展、环保要求的提高，以及可再生能源和智能电网等技术的发展，能源市场的结构和规则发生了变化，市场化的可能性和必要性日益增强。能源市场化是指能源产业通过市场机制进行生产、分配和消费的过程。能源市场化涉及许多因素，包括价格、供需关系、竞争、创新、政策规定等，目的是通过竞争和创新提高效率、降低成本并创造更大的价值。

能源市场化也面临一些挑战，包括市场的不稳定性、技术的不确定性、政策的变动性等，如何在保障能源安全和保护环境的前提下推动能源市场化成为一个重要的问题。人工智能是推动能源市场化的有效工具之一。在能源市场中利用 AI 工具预测和优化能源的市场价格，不仅可以帮助消费者更合理地购买和使用能源，还有助于提高能源市场的盈利水平。此外，人工智能可以帮助企业进行风险评估和管理，通过预测模型和决策优化等工具降低风险，为企业决策提供有价值的信息和建议，帮助企业在复杂的市场环境中做出更明智的决策。

③ 能源系统集成化

能源系统集成是指将多种能源形式（如电力、热力、气体、可再生能源等）通过高效、灵活的方式结合起来，以实现能源的最大效率和最优配置。

能源系统集成包含一系列的技术手段和策略，如联合热电冷系统、能源储存、能源交换、能源互联网等，可以提高能源使用效率、降低能源使用成本、提升能源的安全性和可靠性，并有助于实现能源的低碳化和可再生化。例如，在能源互联网中，通过先进的通信技术和信息技术，将各种能源形式、设备、用户连接起来，实现能源的智能管理和服务，可以大幅提升能源使用效率并降低成本。

随着能源系统变得越来越复杂，集成化的能源解决方案变得至关重要。集成化不仅意味着技术上的整合，还包含跨领域、跨技术、跨时间和跨空间的协同工作。人工智能在这些协同工作中发挥了重要的作用。对整个能源集成系统来说，利用人工智能，一方面可以通过数据处理，自动优化跨时空能源系统的运行参数，确保系统高效、稳定运行，另一方面可以实时监测能源系统的状态，自动检测和诊断潜在故障，提前预测和避免系统异常。

④ 能源去中心化

能源去中心化是指能源生产和分配的方式从一个或少数几个大型中心化的能源生产设施转向多个小型的、分散的能源生产设施。这意味着能源不再仅由大型企业产生并通过较长的路径分发，而是由多个小型设施（如家庭太阳能板、风力发电机或其他分布式能源设备）在本地生产并使用。能源去中心化最大的优势就是在提高能源利用效率的同时保证了系统的韧性，使其不太容易受到大规模传输中断或其他灾害的影响，也促进了太阳能、风能等可再生能源的利用。

在能源去中心化过程中，人工智能的作用除了智能电网管理与优化、安全监测，还包括消费端能源管理，如通过 AI 自动调整建筑物的能源使用方案，确保效率最大化并降低成本。

实际上，能源结构多元化、能源市场化、能源系统集成化和能源去中心化这四个促使能源系统复杂化的趋势，只是讨论角度不同，无法完全分隔，它们相互交融，让能源系统不断向复杂化发展。在这种情况下，人工智能在管理庞大复杂的能源系统方面发挥了不可替代的作用，为能源系统中数据驱动的决策支持、能源分配优化、智能电网管理、可再生能源集成、虚拟电厂和能源市场的预测与交易等提供了很大的帮助。

第 3 节 "AI+能源科学"的相关技术

不同的能源获取方式差异较大，与人工智能的结合点和涉及的技术众多，限于篇幅无法一一介绍。本节将对人工智能技术本身的发展及其与能源科学领域的应用探索的结合进行讨论。

人工智能在能源科学领域的应用探索可以追溯到 20 世纪 80 年代。当时，有科学家尝试采用一种名为"专家系统"的人工智能技术来模拟能源专家的决策过程。该专家系统由两部分组成：一部分是知识库，用于储存能源专家的知识，包括一些在能源勘察中积累的经验及地理知识、化学知识；另一部分是推理机，它是该专家系统的核心，负责处理知识库中的信息并进行逻辑推理。以一个典型的能源开采场景为例，在石油和天然气的勘探任务中，专家系统可以利用知识库中的信息对实际情况进行逻辑推理，从而推断具体的钻井位置。

20 世纪 90 年代，神经网络的研究兴起。神经网络是一种模拟人脑神经元工作的计算模型，旨在模拟人脑的学习过程，使机器可以像人一样学习。人工神经网络出现以后，科学家就开始利用它对地质数据进行分类和模式识别，据此处理大量的地质数据和地球物理数据。此外，在石油和天然气的勘探任务中，神经网络不仅能帮助确定具体的开采位置，还可以预测开采过程中的压力变化情况，从而帮助制定具体的开采方案。

进入 21 世纪,包括机器学习在内的多个人工智能分支领域继续飞速发展。2010 年之后,深度学习作为机器学习的一个重要分支崭露头角,在很多行业中得到了广泛的应用。

就能源科学而言,深度神经网络可用于新能源材料开发、能源结构优化、能源设备维护和管理等多个方面。在 2010 年创立并在 2014 年被谷歌收购的 DeepMind 就是一个典型实例,它曾通过深度学习算法预测风能发电厂的电力产出,这使谷歌能够提前一天制定电力输出调度计划,提高了风能的利用效率。IBM 的混合可再生能源预测系统(HyRef)也是一个典型实例,它采用深度学习技术,能够准确地预测太阳能和风能的产量,为电力系统的运行提供了决策支持,降低了天气和季节的变化等对可再生能源产量的影响,并对能源系统的运行和管理进行了优化。

经过十余年的发展,在能源科学领域利用深度学习进行模型预测的应用屡见不鲜,包括新能源材料研发、碳捕获材料研发、能源系统的集成和优化、核反应实验安全性预测,以及预测所研发电池的寿命和性能、模拟能源研发的具体过程等。

从能源科学利用人工智能技术的历程中可以看出,"AI+能源科学"的相关技术已经在能源行业中展现出巨大的潜力和价值。人工智能技术与能源科学的持续融合和创新,将引领能源科学走向绿色、智能和可持续的未来。

第 4 节 "AI+能源科学"的产业图谱

由于能源产业的参与方众多,所以我们将能源产业地图切分成三部分,分别是资源的勘查与提取、能源的加工/转化与储存、能源的终端输送与应用。人工智能技术的应用为整个能源产业带来了巨大的创新和变革。

1. 资源的勘查与提取

在能源科学产业链的上游,人工智能的作用主要是辅助原材料采集,包括预测资源的位置、实现自动化钻探等,需要勘探的资源包括化石能源及研发可再生能源所需的矿石资源等。

以传统化石能源的勘探为例,美国的斯伦贝谢(Schlumberger)公司作为全球最大的油田服务公司之一,正在积极地拥抱人工智能技术。斯伦贝谢公司尝试将人工智能技术整合到地质勘探、智能钻井、岩石流体分析等技术流程中,为此开发了一系列数据解释软件,以及 DELFI 智能云平台,提供了完整的能源勘探智能解决方案。

国内也有很多相关实例。中国石油和中国石化作为目前我国最大的油气公司,已广泛应用人工智能技术分析地质结构、解释地质数据,从而预测油气储存层的位置,优化钻探过程。中海油作为海上油气公司则更上一层楼,不仅通过 AI 驱动的"海龙"号进行海底勘查,还投资建造了我国首艘智能浮式生产储卸油装置"海洋石油 123",标志着我国海上智能油田建设进入新阶段。

在研发可再生能源科学所需的矿石资源方面,锂、钴、镍、铜、稀土等相关矿石资源是制造电池、储能设备、风力涡轮机和其他可再生能源生产设备的关键原料，人工智能则在其勘探过程中发挥了重要作用。例如，中国有色矿业集团在勘探过程中广泛应用人工智能模型分析地质数据、预测矿石资源的储藏位置、评估矿石资源的质量等。

2. 能源的加工/转化与储存

能源的加工/转化与储存处于能源科学产业链的中游，人工智能在这个环节的作用主要包括优化生产过程、促进能源高效转化等。

近年来，美国的埃克森美孚公司（Exxon Mobil Corporation）利用人工智能技术实时分析生产数据，优化炼油流程，并不断增加在可持续能源上的投入，包括碳捕获和储存技术、生物能源、氢能等领域。我国也有类似的例子，如国工智能开发的"AI+化学研发"平台可用于研究和优化化石能源的燃烧过程，结合计算化学和人工智能算法，帮助研究人员选择最合适的实验条件，助力能源加工和转化过程。

在能源存储方面，特斯拉是国外企业的代表。虽然特斯拉以其电动汽车闻名，但它也是全球领先的太阳能产品制造商和储能解决方案提供商。人工智能技术在特斯拉的电池管理系统中发挥着至关重要的作用：通过人工智能算法对电池的电压、电流、温度等状态进行实时监测，可以评估电池的健康状况；利用人工智能技术进行热管理，可以确保电池在最佳温度范围内工作。我国的宁德时代无疑是能源存储企业中的明珠，也是全球领先的锂离子电池制造商，不仅开发了集成人工智能算法的电池管理系统（可以从电压、电流、温度等维度实时监测电池的状态），还在人工智能技术与电池制造的结合方面积极开展国际合作。例如，对于基于人工智能的动力电池缺陷检测方案，宁德时代与英特尔开展了一系列深层技术合作，以提高生产效率和质量控制水平。

3. 能源的终端输送与应用

在能源科学产业链的下游，终端输送与应用最广泛的形式就是电力。在将各种形式的能源转换成电能后，终端输送与应用环节中有众多环节等待着人工智能的参与。

2021年3月15日，中央财经委员会第九次会议提出，要深化电力体制改革，构建以新能源为主体，以安全高效、清洁低碳、柔性灵活、智慧融合为主要特征的新型电力系统。新型电力系统涵盖发电、输电、变电、配电、用电，以及电力调度、电力交易等环节，目前包括发电企业、售电企业、输电企业、用户，以及相关算法、设备、服务提供商等诸多主体，已广泛开展了人工智能技术的研发和应用。

在发电环节，除了与"能源的加工/转化与储存"重合的部分，能源科学产业链下游的人工智能应用主要聚焦于发电企业的运营支持方面。例如，通用电气开发的工业物联网和人工智能平台Predix，能够帮助电力企业实现智能监控、预测性维护和设备性能优化，并使用AI分析工具来监测发电设备的健康状况，以缩短停机时间、提高生产效率。国内也有很多这方面的人工智能应用。例如，我国最大的综合能源企业之一中国华能集团，采用人工智能技术加强电厂的数智化建设，并从发电端渗透到后续环节，以改进电力分配策略和输电策略、提高电力系统的稳定性和安全性等。

在输电环节，国家电网是目前全球最大的电力公司。国家电网的核心业务是建设运营电网，在电力系统的各个领域都应用了人工智能，主要包括利用人工智能技术进行电力传输设备的健康监测、预测电力负荷、改进电力分布策略，以及实施智能电网解决方案等。例如，国家电网的子公司国网电力空间技术有限公司联合华北电力大学等单位研发的输电线路红外缺陷智能识别系统，将人工智能技术规模化应用于输电线路发热检测，只要一键上传巡检红外视频，就能快速抽帧并智能地识别发热缺陷，帮助线路运维单位及时消除因线路跳闸导致停电的隐患，为保障电网安全稳定运行提供了新的技术手段。

在配电和变电环节，国家电网荆州变电运维分公司开发了集电网运行监视、综合数据分析、电网事件分析、异常定向上送、智能巡检启动等功能模块于一体的变电集控站 AI 监控机器人，使其管辖的 144 座 110 千伏、220 千伏变电站全部实现智能监控[1]。此外，海瑞科技建立的配电物联网平台，得到了国家电网、南方电网、中国电工技术学会及多地政府部门的认可。该平台不仅能实现智能运检、运行控制、运维管理和用电服务，还能实现人员状态及行为识别、设备运行状态识别、固定资产识别，为抢修人员快速定位配电室运行中的异常状态、提升维护和抢修效率提供了有力的支持。

在用电及电力调度和交易侧，人工智能工具能够辅助预测市场价格，帮助用户更好地对能源的购买和使用进行规划。例如，心知科技基于气象与能源电力大数据和人工智能技术，开发了电力交易 AI 智能决策平台 SenseTrade，为售电机构、用电客户提供电力交易预测与

---

[1] 见资料 6-9。

决策服务。此外，人工智能还能帮助电力行业更好地服务终端客户。例如，南方电网在 2023 年发布了电力行业人工智能创新平台及电力行业首个自主可控电力大模型。该电力大模型能够解决 60% 的电费咨询、报修等高频客服问题，辅助发电、输电、变电、配电等环节，协助调度部门针对电网异常情况秒级自动生成处置预案，及时响应 15 分钟电力市场调节要求，具备同时识别 20 类输电配电缺陷的能力。目前，该电力大模型已在广东、广西、云南、贵州、海南五地的 80 余个场景中落地①。

第 5 节　"AI+能源科学"的政策启示

我国是全球最大的能源消费国，也是世界上最大的能源进口国。能源科学行业既是我国经济增长的支柱，也是我国生态文明建设与环境保护的重要一环，具有重要的战略地位。2020 年，国务院新闻办公室发布的《新时代的中国能源发展》白皮书指出，我国要推动能源技术革命，带动产业升级，就必须着力推动数字化、大数据、人工智能技术与能源清洁高效开发利用技术的融合创新，大力发展智慧能源技术。2022 年，国家发展改革委和国家能源局发布了《"十四五"现代能源体系规划》，对能源科学行业的供给侧与需求侧给出了详细的规划。由此可见，推动人工智能技术与能源行业的融合发展早就是我国新时代能源科学发展的题中应有之义。推动人工智能技术在能源科学

---

① 见资料 6-10。

领域应用的发展，可以从以下方面重点考虑。

1. 确保"AI+能源系统"的可持续性、安全性和可靠性

在将人工智能技术应用到能源解决方案中时，必须注重其对环境和社会的影响，确保可持续性、安全性与可靠性，否则，可能会给社会及生态环境带来不良后果。

在可持续性方面，可以在政策上鼓励和支持将人工智能技术应用于可再生清洁能源的发展，如鼓励将人工智能技术应用于太阳能和风能的生产、存储和分配。同时，在基层能源系统中推广使用基于人工智能技术的能源预测功能，并优化当地的能源生产与使用，实现能源高效利用。

在安全性方面，相关应急部门与企业可以利用人工智能技术实时监控能源设施，预测和识别潜在的安全威胁（如石油管道泄漏、核能泄露等风险），在发现威胁时及时执行相应的应急预案（如关闭关键系统、将能源分流至安全区域），以避免风险事件发生。

在可靠性方面，应积极引导人工智能技术促进能源高效存储与分配的应用，包括确保在需求高峰或供应短缺时能源的供应仍然可靠，并借此对相关设施进行定期维护与检测，预测其磨损和衰退情况，确保其持续正常工作。

2. 推动能源数据的开放和共享

随着能源行业的发展，能源数据已经成为行业的核心资产。为了更好地利用人工智能技术，政府部门可以积极推动能源数据的开放与

共享，这不仅可以帮助企业获取更多的数据资源，提高人工智能技术的应用效果，还可以促进行业创新和竞争。政府部门可以制定能源数据开放与共享相关政策，鼓励产业链上企业间的数据交流与合作，并确保数据安全与隐私保护。

能源数据通常涉及复杂的供应链，从能源的生产、传输到消费，各环节之间的数据都有紧密的关联，如原油产量、炼油产出、电网负荷、消费者用量等都是互相关联的。如果各环节的企业都把数据揣在兜里，就会导致产业链各环节形成数据孤岛，数据无法被完整地呈现。此外，能源数据的时效性非常强，特别是对电力等实时供应的能源来说，电网负荷、可再生能源的实时产出等数据都需要实时监控与应用。没有数据共享，或者数据共享不及时，都会大幅降低能源数据的价值，亦不利于整个行业的发展。

3. 提升 AI 系统在能源行业中的互操作性与标准化

能源系统越来越复杂，涉及的能源种类、技术领域也越来越多。为了确保各种 AI 系统能够在不同的能源系统和平台上有效运行，政府部门需要积极推动建立行业标准、维护互操作性，以帮助规范行业发展、提升能源系统的稳定性。

能源行业包括从原油、天然气的开采、生产、运输到终端用户的电力供应等环节，以及可再生能源的生产、存储、运输、分配等多个子行业，生态系统极其复杂。为保证整个能源生态系统顺畅运行，打通各环节的数据以实现互操作性是很有必要的。在全球化背景下，全球各地的能源市场都在进行交易及合作，互操作性和标准化能确保跨境交易与合作顺畅进行。同时，对近些年出现的再生能源技术、电池技术、智能电网等现代能源技术而言，也需要新的标准来保证其与现有系统融合。

通过互操作和标准化，各种能源系统可以更容易地进行交互和整合，以提高整体运营效率，减少由系统不兼容导致的额外支出和重复投资。

第 7 章　AI 与环境科学

近年来，全球气候变暖日益显著，大气污染问题持续加剧，极端天气频发……在环境问题日趋严峻的大背景下，人工智能技术的应用与推广为环境科学研究提供了重要的工具和解决方案。

通过人工智能技术，人们可以更好地监测和分析复杂的环境，预测环境和气候变化可能产生的影响，并探索创新的环境保护和灾害预防方案。人工智能技术可帮助进行大气、水、土壤等的污染治理，提高解决环境问题的速度，为实现可持续发展目标开辟新路径。人工智能还是减碳降碳的好帮手，在预测排放、监测排放、减少排放三个方面发挥了重要作用。可以说，人工智能技术在环境科学领域有广阔的应用前景。

第 1 节　"AI+环境科学"的发展背景

本节介绍"AI+环境科学"的发展背景。

1. AI 技术为环境科学引入新的价值和机遇

AI 技术为环境科学带来了巨大的价值和机会。相对于传统环境科学，人工智能在环境监测、环境治理及促进环境科学创新产业发展方面都有显著的优势。

（1）环境监测中的 AI

在环境监测方面，AI 技术最直接的影响是可以提高环境监测和管理的效率。传统的环境监测通常需要人工进行数据的收集和分析，耗费大量的人力、物力和时间，而 AI 技术可以实现全流程的自动化处理，大幅减少资源的消耗。

除了提升整个监测流程的处理效率，在环境检测的起点，人工智能技术还可以与传感器、监测设备等硬件结合，构建智能化的监测系统。通过集成人工智能算法和模型，智能化监测系统可以快速响应和处理传感器数据，实现对环境状态的实时监测和评估。可以说，运用了 AI 技术的环境监测系统不仅在处理上省时省力，效率也很高。例如，在空气质量监测方面，人工智能技术可以在实时收集的空气质量数据中识别出污染源和异常情况，进行快速反馈并报警。这种智能化的监测和管理使环境问题可以更早地被发现和处理，降低了造成环境污染的风险。

在环境监测的终点，AI 技术可以实现环境数据的自动分析并生成报告。传统的环境监测往往要由专业的监测人员对数据进行分析和整理，然后生成相应的报告，而人工智能可以代替监测人员完成工作。这样，监测人员可以节省大量的时间和精力，更加专注于数据解读和决策制定。

以上应用集中在环境监测的效率层面，在环境检测的效果层面，人工智能的价值也是巨大的，可以帮助提升环境预警和预测能力。环境问题通常是动态的、复杂的、不确定的，难以预测和控制。人工智能通过机器学习算法，可以自动从海量的环境数据中发现隐藏的相关性和规律，找出环境因素之间的相互作用机制，预测未来可能出现的环境问题并提前做好应对方案。不仅如此，人工智能还可以结合其他数据（如卫星观测数据、社会媒体数据等），综合分析多种因素对环境的影响，如通过分析卫星图像和气象数据预测自然灾害（如洪水、干旱）的发生概率和影响范围。

（2）环境治理中的 AI

仅靠环境监测并不能解决所有环境问题，通过环境监测找出问题后，还需要进行治理。污染治理就是环境治理最典型的领域，探测出污染物后，还要选择合适的治理方式。在过去，污染治理决策往往依赖于有限的样本数据和人的主观判断，容易受个体经验和偏见的影响。而借助 AI 技术，可以对多种因素进行综合分析和模拟测试，进而提升决策和判断的科学性。此外，环境问题的解决不仅与自然科学有关，还与社会科学有密切的联系。人工智能可以帮助环境管理部门分析社交媒体上的舆情和用户反馈，了解公众对环境问题的关注度和不满情绪等，从而及时地做出改进和调整。另外，可以使用 AI 技术建立环境模型，帮助政府部门和决策者评估不同环境政策和措施的效果并预测可能造成的影响。通过模型给出的结果，决策者可以更好地选择和制定相应的环境政策，平衡资源利用、生态保护、经济发展等因素，推动生态环境可持续发展。

（3）AI 与环境科学创新发展

除了前面提到的，人工智能技术的应用还催生了一批新的环境科学产品。例如，节能减排等领域的 AI 应用引发了智能环保设备、智能能源管理系统等一系列创新解决方案和技术产品的涌现。这些新兴的环境科学产品，不仅提升了环境治理的效率，也为经济增长和可持续发展提供了新动力。此外，这些新兴产业涉及的像全球碳减排这样规模巨大且复杂的全球环境问题，需要跨越国界的合作来解决。人工智能技术具备处理大规模数据、识别复杂关系、优化决策等能力，加上数据之间的共享和协同，可以为解决这些问题提供创新解决方案，促进国际合作与交流，促进全球环境治理的协调并提高效率。

2. AI 技术在环境科学领域的发展脉络

AI 技术与环境科学领域的结合将为全球环境问题的解决提供更有效、更智能的解决方案，进一步推动可持续发展的实现。

21 世纪初，环境科学领域开始关注大规模数据处理和分析方面的需求。美国国家航空航天局（NASA）率先应用机器学习算法解析环境数据，以更准确、更高效地为环境监测与预警提供解决方案。同时，政策层面也开始关注该领域的发展。2003 年发布的《基辅生物多样性决议》宣称，到 2008 年，在欧洲生物多样性监测和指标框架的推动下，一个关于生物多样性监测与报告的协调一致的欧洲计划将在各地区实施。

后来，深度学习模型的突破性进展，特别是谷歌的深度学习算法在图像识别竞赛中取得优异成绩，引发了环境科学领域对人工智能的深度关注。例如，在气候模型的建立及其预测过程中，需要处理大量的数据和进行复杂的模式识别，而人工智能在这方面提供了可行的解决方案。同时，智慧城市和智能交通系统的兴起也离不开人工智能技术的应用。2015年9月，美国启动《白宫智慧城市行动倡议》，旨在通过人工智能等新技术改善城市环境质量和可持续发展水平。

2016年，《巴黎协定》将全球气候议程推向新高度。作为重要的国际环境协议，《巴黎协定》成为人工智能应用在环境科学中推广的"催化剂"，各国开始加大对人工智能技术研发的支持力度，并相继发布相关政策。

2020年，全球疫情暴发对环境科学领域提出了新的挑战，人工智能在检测和预测疫情传播、优化资源分配等方面的应用受到了越来越多的关注。2021年11月，联合国教科文组织（UNESCO）第41届大会审议通过《人工智能伦理问题建议书》，旨在促进人工智能为人类、社会、环境及生态系统服务并预防其潜在风险。同时，会议决定，会员国关于其为实施《人工智能伦理问题建议书》所采取措施的报告周期为四年一次。

我国也一直重视人工智能等信息技术在生态环境等领域的应用。2015年发布的《国务院关于积极推进"互联网+"行动的指导意见》中提到，在互联网时代，推动"互联网+生态文明"发展是加快生态文明建设、坚持绿色发展的重要举措。这一倡议极大地促进了污染动态监测及治理技术的发展，并激发了公众参与环境治理的意识和积极性。例如，建立和推广生态环境大数据应用平台，可以提供资源环境承载能力、环境质量状况、环境预警应急等信息，为管理者制定生态保护和资源利用决策提供科学依据。

2022年发布的《"十四五"生态环境领域科技创新专项规划》指出，在未来五年内，我国生态环境领域的科技创新面临新的挑战。为了提高治理效率和精度，生态环境监测将向高精度、动态化和智能化发展。人工智能和大数据等新技术的应用，也在生态环境监测、智慧城市、生态保护和应对气候变化等领域得到推广，后面将对人工智能技术在这些领域的应用进行详细介绍。

第2节 "AI+环境科学"的落地应用

人工智能技术在环境科学领域有广泛的应用，本节将对智能环境监测、智能污染治理、智能碳减排三个方面的人工智能应用进行分析。需要注意的是，这三个方面的人工智能应用不是割裂的，而是相互交融的。

1. 智能环境监测

环境监测就像地球的健康体检，科学家使用各种仪器和技术来观察、测量和记录我们周围的自然环境，包括空气、水、土壤、气候等，以了解环境的状况，判断是否出现了污染、气候变化、自然灾害等环境问题。

举例来说：通过监测空气，可以了解空气中是否有有害的化学物质，以保护公众健康；通过监测河流和湖泊中的水质，可以确保供应清洁的饮用水；通过监测气温、湿度、风速等气象数据，可以更好地了解天气情况，预测气象灾害，从而采取必要的措施保护公众安全。通过传感器等设备收集环境数据后，人工智能就可以自动处理这些数据。对于空气、水源等需要探测污染物的数据，人工智能可以识别污染物的来源和类型并预测污染水平；对于气温等气象数据，人工智能提供了实时监测和通知能力，能够快速响应环境问题。

当前，国际上对人工智能在环境监测上的价值已经形成共识。联合国环境规划署（UNEP）于2022年推出的世界环境形势室（WESR）利用人工智能分析复杂多样的数据集，整合地球观测和传感器数据，以提供关于各种因素的近实时分析和未来预测，包括二氧化碳浓度、冰川质量变化情况、海平面上升情况等。此外，UNEP领导的国际甲烷排放观测站（IMEO）利用人工智能技术对监测和减少甲烷排放的方法进行创新，通过收集和整合全球的甲烷排放数据，建立了前所未有地准确和细致的全球公共记录。

在空气质量方面，UNEP与IQAir合作推出的GEMS空气污染监测平台是一个在全球具有影响力的空气质量信息网络。该平台整合了来自全球140多个国家的超过25000个空气质量监测站的数据，并利用人工智能技术提供关于实时空气质量对人群影响的见解，为健康保护措施的制定提供指导建议。此外，美国环保署开发了AirNow系统。该系统可以实时监测大气中的污染物，并向公众提供与空气质量有关的信息。

在我国，"AI+环境检测"的相关应用也已普及。例如，平安科技推出的"平安绿金"大数据智能引擎，利用人工智能、大数据、云计算等前沿技术，融合环境监测、污染源监测、气象、环评、信访、舆情等 16 个维度的数据，为绿色金融和环境监管提供服务，目前已经与安徽滁州、广东深圳等地开展合作。

在科研机构中，国家气象中心（中央气象台）与国家气象信息中心、中国气象科学研究院，北京、上海、广东、浙江等省（直辖市）气象局，以及清华大学的专家，共同组建了人工智能气象预报大模型（CMA-AIM）敏捷攻关团队，建设精细化的气象要素与灾害性天气监测和预报专业模型。此外，浙江省杭州生态环境监测中心"生态环境监测 AI 人工智能实验室"省级试点项目，通过人工智能技术提升环境监测的精准性和智能化水平，实现了批量地表水样品从分样到检测、分析、输出报告等的全过程自动化监测。在建设初期，该项目就覆盖了总磷、总氮、氨氮、高锰酸盐指数等指标，成为生态环境监测自动化、智能化、信息化的标杆项目。

除了科研机构及政府部门牵头的智能环境监测项目，产业端的科技公司也是推动"AI+环境检测"相关应用的重要力量，华为公司推出的"盘古气象"大模型就是很好的例子。

2. 智能污染治理

运用人工智能探测出污染物之后，污染物的治理工作也可以由人工智能协助进行，以实现智能污染治理。这些用于智能污染治理的人工智能手段可以与用于环境监测的人工智能技术协同，共同解决污染物治理问题。

在大气污染治理方面，世界卫生组织的数据显示，每年因呼吸空气中的有害物质导致早逝的人数约为 300 万 ~ 800 万。在制定合理的治理政策的过程中，解读和预测空气污染情况需要使用复杂的数值模型。不同于环境监测中的简单预测，针对局部空气污染治理目的的预测，需要通过大量的计算代码来模拟天气的变化情况及空气中污染物的化学反应，并在超级计算机上运行这些代码，为环境治理决策提供支持。

20 世纪 90 年代，人工智能方法首次被应用在局部空气质量预测中。许多研究显示，先进的机器学习技术确实可以在局部范围内生成高质量的空气污染预测结果。例如，美国的 Enlitic 公司开发了 Deep Learning Medical Image Analysis 技术，该技术可以帮助医生更准确地诊断肺癌，也有助于预防空气污染和呼吸系统疾病；IBM 的研究人员与北京市政府合作，利用人工智能技术解决空气污染问题并改善环境，通过机器学习和认知能力提高预测质量，包括提前 10 天预测空气污染水平并采取必要的行动（如交通管制、工厂停产等）；成都市利用大气污染 AI 小尺度溯源系统整合各类监管数据，结合多种技术手段，实现了千米级、小时级的网格化空气污染精准感知，并及时进行治理响应。

在水污染治理方面，由于过去环保部门的环境监察执法人员数量有限，且工作时间和精力有限，企业在深夜或周末偷排废水、废气的情况非常普遍。同时，政府部门积累了大量的数据，却缺少进行数据处理、分析和挖掘的技术手段和平台。这些因素一起出现，导致政府部门难以全面掌握实时的环境信息，公众也无法充分了解环境问题。为了解决这些问题，一些地区开始采取人工智能等技术手段加强对排污企业的监管。江苏省率先启动污染源自动监控，并逐步完善了全省数据联网系统，通过对重点排污企业安装在线监测仪器并推行"提标改造"工作，加设 IC 卡排污总量控制系统，加强对企业排污行为的全程监控，实现了对排污企业的全维度监管。湖南省株洲市芦淞区打造的可视化智慧河湖管理云平台，利用无人机、人工智能算法等新设备、新技术对辖区河湖进行立体监管，对河道漂浮垃圾、水面蓝藻、非法排污等河湖污染问题进行自动识别、智能分析，并将问题清单发送到负责人手中，大幅提高了河湖污染治理效率。

在土壤污染治理方面，人工智能的应用也在不断深入。有调查表明，我国耕地土壤重金属污染率为 16.67%[1]，如铅酸电池带来的铅、镉污染，以及工业废水偷排等对耕地造成的影响，其他污染源包括农药污染、放射性元素污染等。人工智能技术能够基于卫星、传感器等工具，长时间监测和收集土壤数据，并对这些数据进行分析，帮助政府部门和研究人员更好地了解污染的程度和分部规律，辅助追踪污染源，并给出科学的污染治理方案。例如，广东省科学院生态环境与土壤研究所的王琦和团队创建了土壤减污固碳协同人工智能预测方法体系，实现了土壤治污固碳管控智能化，并结合人工智能和卫星定位等技术，实现了全生命周期的土壤污染预警、未来趋势预测和智慧化管控。目前，该团队建立的模型已被 18 个国家的 90 个科研机构应用于土壤重金属污染源精准智能管控。

总的来说，人工智能技术在环境治理中潜力巨大，能够提供高效、精准的解决方案，推动环境保护工作的发展。

---

[1] 参见《中国耕地土壤重金属污染概况》一文，作者为宋伟、陈百明、刘琳。

3. 智能碳减排

实现"双碳"是构建绿色低碳循环发展的经济体系的重要目标。利用人工智能技术，不仅可以帮助企业提高管理、研发、生产效率，以及设备、数据中心等资源的使用效率，减少碳排放，还能够对碳排放进行有效监测、精准预测，优化政府部门和企业的碳减排决策。

在"碳"的产生源头，石油和天然气勘探生产公司正积极运用多种人工智能方法来降低碳排放量，如通过预测性监测特定油田的碳排放，分析满足采油需求的特定油田的潜力，以减少钻探井的数量、优化二氧化碳储存等。一些公司已在其业务中引入人工智能技术。例如，壳牌公司部署在加拿大阿尔伯塔省的 Quest 碳捕获和储存设施已通过应用人工智能技术取得成功。自 2015 年开始运营以来，至 2019 年 5 月，Quest 已经成功捕获并储存了超过 400 万吨二氧化碳——相当于 100 万辆汽车的排放量。

国内也有很多应用案例。深圳市住房和建设局与南方电网深圳供电局联合发布了全国首个建筑领域碳排放监测与管理系统。该系统通过政企数据共享平台实现建筑数据的互联互通，基于采集到的建筑物用电、面积等数据，运用人工智能技术精准计算出每栋建筑物的碳排放量、用能强度等关键指标，实现了全市各类建筑碳排放标准制定及碳排放量的精确测控管理，为低碳城市建设提供了依据和支撑。

综上所述，人工智能技术在应对气候变化和减少碳排放方面有巨大的潜力，目前已在许多领域取得了重要进展。人工智能技术的应用有助于推动全球绿色转型，为可持续发展做出了卓越贡献。

第 3 节 "AI+环境科学"的相关技术

下面介绍"AI+环境科学"的相关技术。

1. 环境地理与 GIS 技术

环境科学研究的对象通常是人的居住环境,所以,将人工智能应用与环境地理信息结合,可以更好地监测环境,并对各种环境问题进行治理。基于此,地理信息系统(GIS)的作用就凸显出来,它可以帮助我们在计算机上创建、管理和分析地理数据,并与人工智能技术协同。下一代地理信息系统(NGIS),如云 GIS、移动 GIS、智慧 GIS 等,都与人工智能技术关系密切,它们具有更强的空间分析能力和更高的基于位置的服务水平,可以处理海量的空间数据,并实时展现城市地下空间和地表建筑,为环境监测治理提供重要的技术支撑。

在环境治理过程中,GIS 和 AI 分工明确:GIS 用于提高环境监测、污染溯源、规划决策和灾害管理的效率和准确性;AI 用于识别地理空间模式、挖掘地理空间关系并生成空间统计模型。这些彼此协同的分析结果,可以为决策者提供全面的环境状况评估和预测数据,帮助决策者更好地制定环境保护与管理策略。除此之外,AI 结合 GIS 可以识别出异常值和模式,确定污染源的地理位置、扩散范围和影响区域。这样,相关部门就可以更快、更准确地采取措施,限制污染物的进一步扩散,保护环境和人类健康。不仅如此,AI 与 GIS 结合使用,可以为城市规划和环境治理提供智能化支持。通过分析人口分布、土地利用、交通网络等方面的数据,AI 可以帮助城市规划部门在设计城市布局时兼顾环境保护和生态平衡等因素。AI 还可以模拟执行不同的方案并提供性能评估和优化建议，帮助城市实现可持续发展。对于一些极端情况的预防，GIS 与 AI 的协同也能发挥重要的作用。例如，通过分析历史灾害数据、气象传感器数据和地理特征数据，AI 可以预测潜在灾害的发生概率和影响范围，这对于提前采取措施降低灾害风险、保护人类生命财产具有重要意义。

2. 环境数据获取与遥感技术

所谓"遥感技术"，就是通过特殊的"眼睛"远程观测和收集信息，让我们了解地球上的各种环境数据，而不必亲自到达现场。遥感技术对于处理各种环境信息而言都非常重要。对于人工智能技术在环境科学中的应用而言，通过遥感获取的数据是不可或缺的。

在过去，需要通过专门的网站（如 NASA 网站、地理空间数据云等）下载遥感采集的生态环境数据，且下载前通常需要提交申请，手续相对烦琐。下载数据后，需要使用专业的数据处理与分析软件（如 ArcGIS、ENVI、ERDAS、易康等）对数据进行处理和分析。在需要进行多源数据综合分析或处理大量数据时，个人计算机的性能可能不够，导致软件运行速度缓慢甚至崩溃。

随着人工智能在环境科学应用中的扩展，遥感数据的获取和处理趋向于云端化、一体化。例如，云计算平台 Google Earth Engine、PIE-Engine 等集成了海量的开源遥感数据并支持在线计算和下载。这些云计算平台解决了个人计算机在存储和调用数据方面的性能问题，简化了多平台数据下载操作，大幅提高了计算效率。

除了开箱即用的服务，对于有自主开发需求的科研人员来说，这一趋势也释放了更多的空间。之前，由于遥感软件平台的底层语言各不相同，所以软件的升级通常由供应商来完成，而这不仅会限制自由开发，还存在更新滞后、功能不完善或无法完全匹配使用场景等问题。遥感云计算平台开放了丰富的函数算子并打通了多个语言接口，其免费开源的特性让用户群体不断扩大，从而建立更多的互助社区，使用户能够更方便地贡献自己的代码并进行二次开发。此外，云计算平台的开放特性和用户社区的发展，也为创新和协作提供了更好的机会，推动遥感数据的利用与应用。

第4节 "AI+环境科学"的产业地图

"AI+环境科学"的产业地图主要包含研发与咨询、应用与推广、服务与支撑三部分。研发与咨询机构负责推动用于解决环境科学问题的 AI 技术创新。应用与推广机构将 AI 应用于实际环境问题的解决方案中，创造良好的发展环境，以促进 AI 服务产业的发展。

1. 研发与咨询

在"AI+环境科学"的研发与咨询方面，研究机构、科研院所、环境数据采集和开发企业是主要的参与者。这些机构在人工智能算法、模型开发和数据分析方面具有专业能力和经验，致力于推动人工智能技术的创新和发展，并提供咨询服务，以帮助用户解决数据处理和分析中的各种技术难题，其职能包括研究新的算法和方法、优化现有的数据处理流程、提供定制化的解决方案以满足用户需求。

在科研机构方面，许多高校的相关院所积极地将人工智能技术纳入环境科学研究，致力于实现多学科交叉融合，以开拓环境学科的新领域和新方向。它们拥有卓越的基础研究成果和富有前瞻性的学术理论支持环境，能够推动环境技术的发展，为重大环境政策的制定提供支撑，从而提升环境管理能力并促进环境产业的发展。

数据采集开发企业，如航天宏图、行星数据、佳格天地等，在技术创新和突破的基础上，依托自主研发的产品，为政府部门及相关企事业单位提供环境数据的采集、处理和咨询服务。这些企业拥有强大的数据采集能力和专业的数据处理技术，能够高效地收集和处理海量的环境数据，并利用人工智能技术对数据进行分析和解读。它们在环境管理和决策支持方面发挥了重要作用，为用户提供实用的数据产品和解决方案，推动了环境科学领域研究和应用的发展。部分代表性企业及主要业务如下。

- 航天宏图是国内领先的卫星互联网企业，它依托所接收的常规气象观探测资料、气象卫星资料、雷达资料、数值预报产品等多源数据，基于定量反演、机器学习、云计算、云存储、大数据分析、快速循环同化、虚拟现实等前沿技术，研发了具有完全自主知识产权的遥感与地理信息一体化软件 Pixel Information Expert（PIE），拥有国内首个遥感与地理信息云服务平台 PIE-Engine，实现了遥感基础软件的国产化，为政府部门、企业、高校及其他有关部门提供基础软件产品、系统设计开发、遥感云服务等空间信息应用整体解决方案。
- 二十一世纪空间技术应用公司是面向中国及全球客户的空间遥

感大数据服务商,也是中国商业航天卫星遥感领域的开拓者,其自主研发的遥感卫星智能观测与获取技术,能够高效获取对地高质量影像数据,形成标准化遥感影像大数据产品。此外,该公司自主开发了算法、模型和软件系统,通过遥感影像规模化自动处理、智能解译分析、产品柔性生产等技术,形成了空间信息综合应用服务能力。

- 珈和科技是农情遥感数据分析的专家,致力于提供以空间智能技术为核心的大数据信息服务,通过遥感测量技术、GIS 地理信息平台、作物生长趋势模拟技术、生态遥感监测技术、数据挖掘技术等,对地球卫星影像数据进行加工处理和分析,提供生态遥感监测、作物种植分布提取、作物长势监测、作物产量预估、农业气象跟踪、旱涝灾情预警、灾后估损定损、种植选地、种植计划等方面的数据采集和分析智慧农业解决方案,助力精准农业和农业现代化。

- 大地量子是以大模型与数字孪生作为主要技术研发方向的公司,通过对 PB 级卫星遥感数据、气象数据的 AI 开发,打造业界领先的天气预测、清洁能源功率预测、绿电交易预测、碳汇碳排等技术产品,助力促进绿电消纳与中国双碳目标。

- 行星数据是基于卫星定量遥感算法的碳数据服务商,因其具有自主知识产权的"基于卫星定量遥感融合算法和高质量环境模型的碳数据引擎"成为该领域第一家"跑通"商业验证的中国公司。该公司致力于把雾霾、臭氧等环境数据彻底高分辨率量化,最终应用到与环境,尤其是与大气环境有关的疾病的预测算法和精准医疗上。

- 科大讯飞作为亚太地区知名的智能语音和人工智能上市企业，一直从事智能语音、自然语言理解、计算机视觉等核心技术研究并保持了国际前沿技术水平。此外，科大讯飞提供了数智环保服务一体化解决方案，其开放平台立足城市生态环境保护，提供了专业的模型开放应用服务及按需调用模型的能力，包括企业环境画像、行业企业数据异常行为识别、区域企业数据异常行为识别，以及环境污染扩散分析、水气溯源、环境趋势分析、环境容量分析、环境减排规划分析等模型，可以精准地为环境问题的发现与处置提供帮助。

2. 应用与推广

政府部门及相关企事业单位通常是"AI+环境科学"应用的主要使用者和受益者。政府部门可以利用人工智能技术进行环境监测、资源管理、灾害预警等工作，从而更好地制定环境保护政策和规划。相关企事业单位可以通过人工智能技术在生态环境领域进行数据分析、模拟模型建立、决策支持等工作，以提高效率、降低成本、优化资源配置。目前，各地政府部门都已在此方面采取诸多应用和推广举措，其中具有代表性的地方政府行动列举如下。

- 河北雄安新区为建设符合新时代生态文明典范城市标准的智慧监测系统，充分发掘数据要素化的优势，并将环境监测数据作为核心要素，依托新兴基础设施项目，以业务需求为中心、以数据资源为主线、以实际应用场景为重点，同时确保合乎标准规范、信息安全和运维管理的需求，构筑智慧监测体系，以推动生态保护监管,实现更加精确、智能的分析判断,以及更加科学的决策模式。同时,通过深化现代信息化技术的应用,如大数据等领域的创新,积极挖掘全新的数据应用途径,为该地区的生态环境管理提供有力支持。这些创新应用覆盖生态环境监测、溯源、预警、评估、执法和督查等多个领域,将进一步提升雄安新区的生态环境保护水平。

- 浙江省杭州市根据浙江省生态环境系统 2021 年改革试点计划和《浙江省生态环境科技发展三年行动计划(2020—2022 年)》,将"生态环境监测 AI 人工智能实验室"项目作为关键技术项目之一。该项目旨在探索智能环境监测标准的制定,重构与"数智杭州"建设相适应的生态环境监测流程,并建设一个样板工程,以全面提升生态环境监测的自动化、智能化和信息化能力,进一步提高生态环境监测的数字化水平。在技术目标方面,该项目取得了重要突破,首次实现了地表水样品高锰酸盐指数、总磷、总氮和氨氮四个指标水质分析全过程的智能化,并达到了国内领先水平。此外,该项目在推动人工智能、物联网等新技术在生态环境监测领域的应用,以及促进生态环境样品智能监测等方面,具有很高的推广价值。

- 江苏省常州市为应对汛期断面水质达标改善和提升水质保障等关键任务,特别设立了汛期水环境溯源专题工作。该专题工作充分利用水环境模型和大数据技术,采用汛期污染排放响应关系和水质溯源关联分析的方法,识别污染产生的原因和污染的空间分布情况,进行汛期水质预测和预报,以提供决策支持并指导管控措施的实施。

- 山东省济南市充分依据生态环境智慧监测创新应用试点工作方案和"数字济南"建设的要求，通过融合监管创新和技术创新，将物联网技术和智慧环保平台与实际应用场景融合。在这一领域，济南市率先提出了一项全国独创的计划，通过出租车移动平台大气颗粒物监测项目试点，实现了对道路扬尘污染的实时制图，并能够准确定位污染源。这一创新应用措施在生态环境监测领域具有极其重要的意义，不仅有助于更精确地了解道路扬尘污染情况，还可以通过公开监测数据，促进公众的参与和监督，进一步提高了大气污染防治工作的效能。

- 湖南省长沙市专注于构建热点网格识别系统和应急监测指挥系统两个关键系统，为深入推进污染防治攻坚战提供了强有力的支持。热点网格识别系统包含三大目标、三项技术和三大任务，其中：三大目标包括确保热点区域的时空识别准确、污染源头的清晰辨识、排放管控的可行性，为了实现这些目标，需要采用精密的模拟方法、溯源算法和情景预测模型；三大任务包括多源数据整合、大气污染决策支持模型的研发、大气污染智能防控决策支持平台的开发。应急监测指挥系统专注于一图操控、一网贯通、一键生成，并在全程监测、全景虚拟现实和全员联动方面发挥了关键作用；通过整合多种监测手段和技术，实时监测和评估环境状况，为应急响应和决策提供精确的数据支持；在紧急情况下，能够迅速生成应急指挥图，并在信息共享和联动协调方面发挥重要作用。

第 5 节 "AI+环境科学"的政策启示

面对 AI for Science 的应用趋势，政府部门需要制定相关政策和法规，推动人工智能技术在环境科学领域的应用和发展。

1. AI 辅助制定重大环境污染问题应急响应方案

重大环境污染问题的响应与应对是环境科学关注的重点方向，也是与民生关系密切的人工智能技术应用方向。重大环境污染问题引起的安全事故，会导致生态破坏、造成巨大的经济损失，甚至会导致人员伤亡，政府部门必须高度重视。

2023 年 2 月 3 日晚，美国俄亥俄州东巴勒斯坦镇发生了一起严重的列车脱轨事故，导致氯乙烯等危险化学品泄漏，造成了长期的生态环境灾难。类似的事件在 2023 年 3 月 3 日和 4 月 1 日也在印尼国家石油公司发生，燃料储存厂发生火灾，炼油厂发生爆炸，造成了多人死伤。此外，印度的化工厂毒气泄漏事件，以及我国的"8·12 天津滨海新区爆炸事故""2·11 葫芦岛企业爆炸事故"，都与危险化学品有关。

恶性环境事件的处置往往涉及安全生产、环境保护等多个部门。单一部门在独立开展后果分析或风险分析时，所涉及的价值主体、分析方法、数据基础均有较大差别，加上学科分割等因素，现有的应急响应技术方案对安全风险防范需求的反应较为充分，但对包括应急专业处置危化品等的生态环境风险防范需求的反应相对不足。换言之，对于此类事件的应急响应，尚没有建立完善的预警机制，也没有实现安全风险、生态环境风险协同防范需求下的应急响应技术方案优化。

为了解决上述问题，政府部门可以充分发挥人工智能在数据驱动、多数据融合及深度挖掘方面的优势，进行多情景模拟，并利用人工智能技术对现有应急响应技术方案进行推演论证，以提出兼顾安全风险防范和生态环境风险防范的技术方案。这些方案可以结合目前人工智能在环境监测和环境治理领域的前沿应用方式，切实增强新型应急响应技术的支撑能力。

2. 开放公共环境数据资源

开放公共数据资源对于各机构推进环境科学的研究及应用具有重要意义。例如，美国海洋和大气管理局的免费气象数据，帮助发电厂节省了数亿美元资金；新加坡国家环境局完善了环境数据库，推动了部门间的环境数据分享。相比之下，我国的环境数据资源开放较少，且面向公众的数据资源申请流程烦琐，严重限制了环境科学研究的发展。

此外，不同行业部门之间存在数据壁垒，数据无法有效互通，也是一大问题。"AI+环境科学"的研究和落地，通常需要综合多种业务数据以掌握环境的基本状况。然而，这些数据分布在不同的信息系统中，存在数据分散、不准确、不完整、对接困难等问题。同时，一些部门拥有自己的独立数据库，也造成了一定的沟通障碍。

根据《国务院关于积极推进"互联网+"行动的指导意见》《促进大数据发展行动纲要》，推动数据资源开放已成为我国的国家级战略目标。开放生态环境领域的公共数据资源，有利于环保产业及农业、林业、渔业、食品、旅游等相关行业的发展。通过综合运用大数据、物联网、云计算、人工智能、遥感等信息技术，可以构建覆盖各类生态要素的动态监测系统和数据库，并打破信息孤岛，建立信息共享平台，促进生态环境数据的互联互通和开放共享，为环境保护和生态安全的实现创造有利条件。

第 8 章　AI for Science 的危与机

面对新的时代趋势，AI for Science 展现出无限的潜力。然而，这个领域的发展既面临着前所未有的机遇，也带来了一系列不容忽视的挑战。本章将重点探讨 AI for Science 的危与机，并就当前背景下科学智能将如何助力"平台科研"生态的建设展开探讨。

第 1 节　AI for Science 的机遇

本节讨论 AI for Science 的机遇。

1. 复用 AI 生产力的红利

在 21 世纪的第二个十年里，人工智能领域接连出现的突破引发了人们广泛的关注，机器学习、深度学习、强化学习、计算机视觉、自然语言处理领域的关键突破让人工智能成为一种出色的生产力，可以应用于各行各业。

早期的机器学习方法，如支持向量机、决策树等，为人工智能在数据分类和模式识别方面的应用提供了技术能力，但这些方法在处理复杂数据和任务时存在局限。直到 2012 年，AlexNet 这种深度卷积神经网络在 ImageNet 图像识别竞赛中获得突破，引领深度学习兴起，而这一事件也被认为是现代深度学习领域的重要历史节点。

除了在计算机视觉领域，在自然语言领域也有令人惊喜的突破。2013 年，Word2Vec 模型为词向量表示引入了革命性的思想，将语言转换成计算机可以理解的向量形式，为后来的文本分析、情感分析等任务提供了基础。2014 年，谷歌的 Seq2Seq 模型引领了机器翻译的发展方向，通过编码—解码结构实现了更准确、更自然的翻译效果，为其他生成式任务（如文本摘要、对话生成等）打开了大门。

真正让人工智能得到人们广泛关注的是强化学习领域的进步。DeepMind 的研究团队通过深度强化学习算法让计算机学会玩电子游戏，并有超越人类水平的表现。2016 年，AlphaGo 战胜了围棋世界冠军，标志着强化学习在复杂决策领域取得了巨大成功。这一事件随着媒体的报道传入千家万户，刷新了很多人对 AI 生产力的认知。

在科学创造了卓越的 AI 生产力的同时，另一种想法也萌发了，即 AI 生产力是否能够反哺科研领域。在这个阶段，人们尝试在科学研究中定义适合使用人工智能解决的工作任务或场景，并实现了算法从 0 到 1 的突破，代表性成果有 AlphaFold、Modulus、DeePMD[①]。

无论是能够高效预测蛋白质结构的 AlphaFold，还是用于开发物理学-机器学习模型的框架 Modulus、用于分子动力学模拟的 DeePMD，其发展都离不开早期机器学习和深度学习奠定的基础，可以说，它们都是对 AI 生产力的复用。这种复用的思想正在被系统化、组织化，最终形成通用的生产力平台。

深势科技提出了"多尺度建模+机器学习+高性能计算"的科学研究新范式，并推出了 Bohrium® 科研云平台、Hermite® 药物计算设计平台、RiDYMO® 难成药靶标研发平台、Piloteye® 电池设计自动化平台等工业设计与仿真基础设施，打造"计算引导实验、实验优化设计"的全新范式。深势科技还推出了 Uni-Finder 多模态科学大模型，用来加快专利、论文等知识信息载体的智能化，提高科学产业的创新速度[②]。未来，这种以人工智能学习物理模型及科学数据为底层，可复用生产力的基础设施将成为主流，并为 AI for Science 提供源源不断的发展动力。

[①] 参见 2023 版《科学智能（AI4S）全球发展观察与展望》。
[②] 见资料 8-1。

2. 大模型的巨大潜力

所谓"大模型",简单地说就是具有庞大参数规模和复杂结构的机器学习模型。通常大模型依托于超大规模的数据集进行训练,可用于解决很多复杂的问题。例如,ChatGPT 底层的 GPT 系列大模型,从 GPT-1 的 1.17 亿参数量、5GB 预训练数据,到 GPT-3 的 1750 亿参数量、45TB 预训练数据量,无疑是一个惊人的飞跃。除了规模的增长带来的性能提升,一种被称作"涌现"的能力在大模型领域出现,即当模型突破某个规模时,会表现出意想不到的、令人惊艳的能力,这方面的典型案例就是 ChatGPT。

然而,如果只是将模型的规模做大,还达不到让智能"涌现"的效果,也无法在科学领域进行广泛应用。为了解决科研问题,我们需要的不仅是一个能根据历史语料总结答案的复读机,还要让模型具备基本的思维推理能力,这就是"思维链"[1](CoT)。在现阶段,通常采用预训练数据加上微调的方式让大模型胜任不同类型的任务。不过,科研人员发现,语言类大模型在多步骤推理任务(如数学问题和常识推理)上的表现很不理想。

所谓"思维链"是指一系列有逻辑关系的思考步骤,最终形成一个完整的思考过程。相较于传统的类似完形填空题的粗暴做法,思维链就像做分析题,可以让人工智能一步一步地展现推导过程,就像老师批改试卷一样,研究人员可以直观地了解当人工智能犯错时问题究竟出在哪里。在这种方法的改进和迭代下,人工智能的常识推理、数

---

[1] 见资料 8-2。

学逻辑推理能力有所提升,模型的可解释性得到了优化,结果也更可信,这些给在科研中采用 ChatGPT 这样的大语言模型奠定了基础。

除了 ChatGPT 这样的大语言模型,还有视觉大模型、科学计算大模型等,这些技术的出现和进步对于推进 AI for Science 的发展都具有重要意义。目前,大模型已广泛应用于许多研究领域,并在解决一些科研或现实问题时有出色的表现。

一个典型的例子在气象领域。2023 年 7 月 3 日,地表以上 2 米的全球平均气温首次超过 17℃,成为地球上有记录以来最热的一天。多年来,异常高温、海啸、台风、洪水、冰雹等极端天气频发,而准确、及时的天气预报可以让人们趋利避害,对保障人民生命财产安全、指导农业生产、服务国民经济建设都具有重要意义。面对复杂的天气系统,科学家此前设计的模拟大气运动的模型在 3 天天气预报上的准确率在全球范围可达 95% 以上,但如果要预测 7 天、10 天后的天气,准确率就会降至 60%、40% 左右,精度仍然不够。2023 年 7 月 6 日,《自然》期刊发表了华为云人工智能"盘古气象"大模型研发团队的独立研究成果 *Accurate Medium-Range Global Weather Forecasting with 3D Neural Networks*。华为云人工智能"盘古气象"大模型能够在数秒内实现高分辨率的 1 小时到 1 周的全球气象预报,比传统数值天气预报系统的预测速度提升了万倍且准确率更高,为更长时间段的天气预报及气象灾害告警提供了新的可能性。

随着技术不断创新,大模型的应用将继续拓展,其潜力将被不断挖掘,逐步成为 AI for Science 领域的重要技术基石。

3. 跨学科交融与开源生态的完善

跨学科交叉融合是目前学界与教育界的发展趋势，通过将多个学科的前沿研究成果进行交叉融合，可以产生新的思路和方法，解决单一学科无法应对的复杂问题。对于 AI for Science，既涉及"AI"的手段，又需要解决"Science"的具体问题，自然非常重要。

目前，我国已涌现出大量的交叉学科研究机构和复合型人才。以北京大学为例：2006 年，北京大学开设了前沿交叉学科研究院，旨在推动跨学科研究和人才培养的综合性机构，依托理、工、医和人文社科等多学科交叉融合的优势，建立一个长期服务广大研究生的跨学科学术交流平台，以促进交叉学科的发展，助力跨学科人才培养。清华大学的情况与北京大学类似：清华大学网站显示，截至 2023 年，清华大学已成立包括清华大学未来实验室、清华大学智能产业研究院在内的十个跨学科交叉研究机构。

多学科前沿交叉融合可以帮助 AI for Science 更好地实现跨学科的合作和创新。在 AI for Science 中，跨学科合作和创新是至关重要的，但仅靠某一学科的团队可能无法覆盖所有相关信息。通过与多个学科的前沿研究成果进行交叉融合，可以促进跨学科合作和创新，从而产生新的思路和方法，推动 AI for Science 的快速发展。

AI for Science 不仅需要思想层面的交融协作，还需要工程层面的协作创新。

除跨学科的交融外，开源技术生态的构建也十分重要。当前，在科学研究领域，开源协作已经成为常态，研究人员、工程师和科学家可以通过共享代码、数据集和模型，大幅推进科学研究进程，并以开源精神为基础，汇集各方智慧，共同解决许多棘手的问题。一个典型的例子是 COVID-19 爆发初期，全球科研社区迅速行动，开展了大规模的合作，以理解病毒、开发疫苗和药物、制定公共卫生政策。人工智能在这一过程中发挥了关键作用，而开源合作推动了人工智能技术在应对疫情方面的应用。当时，研究人员迅速共享与病毒基因组、传播模式、临床数据有关的信息，为开发基于人工智能的模型和预测工具提供了数据基础。许多团队开源了自己的代码，如流行病传播模型、药物筛选算法等，不仅促进了科学家之间的合作，也鼓励更多的人参与到解决方案的制定工作中。

综上所述，跨学科交叉融合与开源生态的构建，对人工智能在解决复杂科学问题方面取得突破具有重大促进作用。通过跨学科的开源合作，科研人员能够共享知识、加速创新，从而推动科学的进步，为科学研究带来更多的机遇和可能性。

第 2 节　AI for Science 的挑战

下面分析 AI for Science 面临的挑战。

1. 科学结果的可解释性

科学一直致力于揭示和理解我们所生活的物理世界的深奥规律。在这个探索过程中，AI for Science 作为一种强大的工具，能够利用 AI 的强大能力，快速得出科学问题的答案。但是，仅得出答案是不够的，我们还需要理解这些答案是如何得出的——这就是"科学结果的可解释性",它有助于确保研究的可信性、可复制性及对研究结果的深入理解。

就理解与验证而言,科学研究的目标之一是深入理解现象、过程和关系。如果研究结果无法解释,那么其他研究人员和领域专家将很难理解研究使用的原理和方法,更难以验证研究的结论。可解释性有助于将研究的复杂性转化为可理解的语言,使研究结果更容易被他人理解和接受。在可以被理解与验证的基础上,任何研究结果通常都需要经过同行评议才能发布,研究结果发布后,还需要经过全世界团队的检验,这就要求研究结果具有可信性和可复制性。然而,许多人工智能算法都好像一个黑匣子,这削弱了计算过程的透明性。在这种情况下,其他科研人员很难判断方法是否合理、结果是否可靠。

此外,如果科学成果不仅停留在理论层面,还需要产业落地,那么可解释性的问题会愈加突出。研究结论一般需要基于一定的前提,通常会在相对理想的假设下进行推演和实证。然而,现实情况是很复杂的,微小的条件变化就有可能影响产业落地的效果。如果一个算法的可解释性极弱,那么在很多场景中是很难观测到这些条件的区别的,而这也将成为研究人员发现异常与错误的障碍。同时,现实情况是动态变化的,一些结论可能会在一些情况下变得不再正确,所以,如果算法完全不具备可解释性,我们就无法根据具体的情况动态调整实施细节。

前面提到的问题,还是以技术或者方法的问题为主,如果将科技与政府部门的政策选择联系起来,这种可解释性问题会更加严峻。如果研究结果是黑匣子,那么决策者将难以理解其基本逻辑,甚至会做出错误的决策——即使并非错误的决策,在处理涉及伦理和社会责任的问题时，研究的不透明性也会引起公众的担忧。

为了解决这一问题，可解释人工智能（XAI）成为很多科学家关注的焦点。可解释人工智能是指人工智能以一种可解释、可理解、人机互动的方式，与人工智能系统的使用者、受影响者、决策者、开发者等达成清晰有效的沟通，以取得人类信任，同时满足监管要求。目前，可解释人工智能主要关注以下方向[1]。

- 算法的透明性和简单性：指算法的运行过程容易被理解和解释，且算法的规则和步骤不会过于复杂，使人们能够了解算法的工作方式和决策原理。
- 表达的可解构性：指算法的结果或决策能够被分解成更小、更容易理解的部分，从而使人们能够更好地理解算法的运行过程和影响因素。
- 模型的可担责性：指模型所产生的结果或决策能够被追溯、解释和理解，使人们能够清楚地知道模型为何做出特定的决策，以及这些决策是基于哪些信息和逻辑推导得出的。
- 算法的适用边界：指明确算法在什么情况下有效的问题。每个算法都有其适用范围，超出这个范围则可能得到不准确的结果。
- 因果分析和推理：指模型要能衡量和推理数据之间的因果关系，弄清楚一个事件是怎样影响另一个事件的，而非只停留在相关关系层面。
- 对黑盒模型的事后解释：指在无法直接理解复杂模型的内部运行机制时，可以通过分析模型的输入和输出等信息，尝试解释其决

---

[1] 参见《可解释人工智能导论》一书，作者为杨强、范力欣、朱军等。

策原因和逻辑推导过程的方法。
- 对模型表达能力的建模与解释：指模型的结果是否能够服务于设计的初衷并满足现实世界任务的需求，这一点是可以被有效检测和评价的。

目前，上述方向都有不少研究团队在积极探索，相信随着可解释人工智能的发展壮大，AI for Science 领域能获得更加蓬勃的生命力并向上生长。

2. 科研协作的制度挑战

尽管 AI for Science 受益于跨界协作和开源生态的机遇，但也面临着深刻的制度挑战。这些制度上的挑战，可能来源于地缘政治、科技管理制度、开源协作条款等。

对于地缘政治，由于政治纷争和国家间关系紧张，一些国家可能不愿意与特定国家或地区的科研人员开展合作，甚至可能限制他们的信息和资源共享。在这种情况下，科学家可能会因为政治原因而无法进行有效的合作，进而限制全球科研的发展。一个典型的例子是，由于中美关系紧张，美国借维护国家安全的名义，将众多中国的科技院校列入"实体清单"，不仅影响了技术产品和基础设施的共享共创，也阻碍了科技学术交流与项目协作。

除了地缘政治，科技管理制度的不同也可能阻碍科技协作的发展，知识产权和数据管理的问题在 AI for Science 领域最为典型。在合作中，不同的机构和研究人员可能有不同的知识产权观念，而这可能导致科研合作受限，研究成果无法在全球范围内充分分享，甚至出现争议和纠纷。

此外，开源制度也可能成为 AI for Science 发展之路的挑战之一。虽然开源协作鼓励信息共享和协作，但采用开源方案并不意味着自主可控，很多时候，其中潜藏着许多陷阱，如果再与地缘政治和科技管理制度相关联，情况就变得异常复杂了。例如，在美国本土注册的开源基金会或开源项目提供者（如谷歌的 TensorFlow），或者由美国企业掌控的开源代码平台（如已被微软收购的 GitHub），都可能受到美国出口管制的影响。这样一来，过去被认为是"开源"的技术资源，一旦受到美国的极端手段管制，那么原本可以合理、安全地使用的技术，不仅升级迭代可能被阻断、未修补的漏洞可能会暴露，还可能随时面临被控告侵权的风险[①]。

所以，AI for Science 要想获得长足的发展，离不开广泛的科技协作，而这也需要我们以更积极的态度面对当前的制度挑战。

针对地缘政治挑战，可以积极通过多边合作机制，促进科研人员之间的交流与合作，国际科学组织、国际合作项目、国际会议都可以成为促进合作的平台。此外，各国政府间的科技合作协议和跨国研究项目也能在一定程度上缓解地缘政治的影响。

对于科技管理制度的差异，科研机构和国际组织可以共同制定科技合作的规范和准则。这些准则涉及知识产权的处理、数据共享的原则和方式等，以确保合作的公平性和可持续性。同时，可以通过协商和沟通，缩小不同机构之间的观念差异，使合作更顺畅。

对于开源制度可能面临的挑战，可以考虑建立更加多元化的开源

---

① 见资料 8-3。

平台和基金会，减少对单一国家的依赖。同时，在开源协议中引入适当的条款，确保技术的使用不受地缘政治的影响和商业巨头的控制。技术社区则可以以更加民主的方式进行管理，如在必要时以更加去中心化的组织形式进行管理，发展去中心化的科学研究组织形式，从而维护社区的民主性。

3. 科研成果的落地转化

科研成果如何从实验室走向产业落地，是各国都要面对的科学发展难题。科学研究只有跨过这一步，才能转化为现实生产力，进而推动经济高质量发展。然而，当前我国科研成果的落地转化还有较大的提升空间。用专利产业化指标来衡量，《2022年中国专利调查报告》显示，2022年我国有效发明专利产业化率为36.7%，高校发明专利产业化率为3.9%。更有新闻指出，部分地区高校投入上亿元科研经费，科技成果转化率不足1%[①]。虽然在AI for Science推动下发展的"平台科研"模式可以快速缩小从"科学研究"到"解决产业难题"的距离，但如何实现科研成果的高效转化，依然是AI for Science长期发展需要应对的挑战，相关上层建筑也需要与之相适应。

中国科学院院士吴宜灿曾表示，要实现双链联动，始终坚持需求导向，强调市场驱动，坚持"做有用的科研"。所谓"双链"就是创新链和产业链，二者可以分别作为科学技术的供给方和需求方。高校、科研院所及企业的研究部门，作为创新链的核心，在进行最基础的创新探索的同时，也需要深入了解产业链，从具体的问题出发，促

---

① 见资料8-4。

进最终科研成果的落地转化。令人高兴的是，当前 AI for Science 领域已充分展现出产业化落地的能力。在积极的政策指引下，我国已涌现出 MEGA-Protein、鹏程.神农、东方.御风、盘古气象等多项具有国际影响力且兼具落地能力的科研成果[①]。

为了实现 AI for Science 的持续高速健康发展，加快科研成果走向产业落地，还需要做好以下几点。

- 产学研合作平台的构建：构建紧密的 AI for Science 产学研合作平台，让科研机构、高校和业界紧密合作。通过合作项目，科研人员可以更好地理解产业需求，业界也能提出实际问题，促使科研方向更贴近实际应用。这种合作可以在项目研发的早期基础研究到后期的技术开发和落地实施的不同阶段实现。

- 优化知识产权管理和技术转让机制：改善 AI for Science 领域知识产权保护和技术转让机制，使科研人员对他们的成果拥有更大的权益，同时简化技术转让过程。引入灵活的知识产权许可方式，如专利许可和技术许可，可以加快技术的传播和应用。政府部门可以采取激励措施，如实施奖励制度，鼓励科研人员积极参与技术转化。

- 注重"技术经纪人"培育机制的建立：可以由技术经纪人或技术转化中介机构专门负责科研成果的商业化转化。技术经纪人可以提供专业的商业化咨询，帮助科研人员识别商业机会，加强与业界的联系，促进技术的引入和应用，跨越科研创新与落地转化之间的鸿沟。

---

① 参见《中国 AI for Science 创新地图研究报告》。

第 3 节　生态展望："平台科研"模式的四梁 N 柱

鄂维南院士在 2023 年科学智能峰会上表示，发展 AI for Science，推动走向"平台科研"模式，需要解决不同科研领域的共性问题，共建"四梁 N 柱"。根据北京科学智能研究院的研究，"平台科研"的"四梁 N 柱"架构可以划分成"砖瓦""四梁""N 柱"三部分[①]。下面对这一架构进行详细的解读。

1. 砖瓦：科学智能的建设基础

砖瓦是传统建筑的基础材料，而在 AI for Science 领域是指构建平台科研的基础要素，包括算法理论与模型、交叉型学科人才、产品工程师、自动化实验仪器、关键性的行业需求、多样性算力、数据采集与标注、开源开放生态八大核心要素。这些核心要素彼此交织、相互支持，共同构建了一个可持续发展的生态系统，为 AI for Science 领域与平台科研的发展提供支持。

- 算法理论与模型：如同砖瓦是传统建筑的基础材料，算法理论与模型是 AI for Science 的基础，提供了解决实际科研问题的框架，为科研人员提供了强大的分析工具。
- 交叉型学科人才：如同砖瓦的堆砌，交叉型学科人才在不同领域之间搭建桥梁。这些人才具备跨学科的知识，可以将人工智能技

---

① 参见 2023 版《科学智能（AI4S）全球发展观察与展望》。

术应用于不同的科学领域，推动平台科研的跨界协作。
- 产品工程师：如同砖瓦需要被精心设计和组装，产品工程师在 AI for Science 中负责将理论和模型转化为实际可用的工具和解决方案，推动科技成果落地。
- 自动化实验仪器：如同砖瓦铺设工具，自动化实验仪器提供高效、准确的数据采集和实验平台，加快科研进程。
- 关键性的行业需求：如同砖瓦应根据建筑的需要而选用，AI for Science 需要与行业需求相契合。科研成果要与实际应用需求紧密结合，推动成果的商业化和产业升级。
- 多样性算力：如同砖瓦支撑能力的多样性，不同的算力资源提供了不同的计算能力，可以支持不同规模和复杂度的科研项目。
- 数据采集与标注：类似于使用尺寸合适的砖瓦，数据采集与标注为人工智能模型提供了训练所需的素材。它是人工智能科学研究的基础，保证了模型的质量和准确性。
- 开源开放生态：如同在开放工地上自由选取建设所需砖瓦，开源开放生态为 AI for Science 提供了广阔的合作平台，它鼓励共享、交流和协作，促进了科研人员之间的合作与创新。

2. 四梁：AI 驱动的平台系统

四梁主要包括基本原理与数据驱动的模型算法与软件、高效率和高精度的实验表征方法、替代文献的数据库与知识库，以及高度整合的算力平台。

对于第一根梁，基本原理与数据驱动的模型算法与软件，可以被视为支撑 AI for Science 应用的基础。基本原理涵盖物理、数学、计算机科学等领域的核心理论，数据驱动的模型算法与软件则是将这些理论转化为实际应用的桥梁。在这一领域，深势科技与北京科学智能研究院 2017 年发布的 DeePMD 就是典型的例子，它通过机器学习势函数帮助分子动力学全面升级，加速解决相关产业问题。此外，华为基于昇思 MindSpore AI 框架推出的 MindSpore Science 系列套件、百度基于飞桨 PaddlePaddle 推出的 PaddleScience 等软件，都是这一领域的杰出代表。

对于第二根梁，高效率和高精度的实验表征方法，需要制造更精密的实验仪器，并尝试提升实验的自动化水平。除此之外，对实验样本的处理方式也很重要，否则，在一些情况下可能会引入主观误差，影响整个实验的成功率，进而影响研究的总体推进速度。在确保实验表征方法的效率和精度的前提下，结合人工智能技术的应用，可以从更丰富的数据中挖掘出更准确、更有价值的信息，帮助科研人员更深入地理解现象背后的本质。

对于第三根梁，替代文献的数据库与知识库，传统学术数据库与知识库的建设，以及与新兴的大语言模型的技术结合，都非常重要。任何科学研究实现知识创新的前提都是知识继承，而知识继承来自对过往文献的梳理与学习。过去，在科学计量学、信息资源管理等研究领域的相关方法的指导下，我们拥有了 Web of Science、知网等学术文献库的汇集平台，科研人员可以方便地从中检索以往的研究工作并进行评述，从而继承知识。不过，科技领域的知识庞杂，新知识也在高速增长，这些都将使科学家在学习跨领域知识时很难融会贯通。在 ChatGPT、文心一言等新兴大语言模型的帮助下，这一问题有望在一定程度上得到解决。

第四根梁，高度整合的算力平台系统，其发展离不开底层芯片技术的突破和异构算力调度平台的运行。在算力芯片方面，中国正在奋起直追。目前，华为正围绕"鲲鹏+昇腾"系列芯片的双引擎打造"一云两翼双引擎+开放生态"的产业布局：鲲鹏以通用算力构建开源生态；昇腾以 AI 专用算力支持计算场景的应用，并依托华为云，支持"两翼"的各类智能计算业务、智能数据与存储业务。此外，在异构算力调度平台建设方面，中国信通院与中国电信共同发布了全国性的多源异构算力调度平台"全国一体化算力算网调度平台"。该平台可以汇聚多元算力资源，实现异构算力资源池的动态感知和智能调度。

3. N 柱：国家战略的支撑应用

由 AI for Science 的"四梁"支撑的不同学科应用场景，就是这里的"N 柱"。在本书中，对材料科学、生命科学、电子科学、能源科学和环境科学"五柱"进行了重点介绍，它们都是对国家科技发展战略具有重大意义的领域。

材料科学在中国的科技发展战略中扮演着至关重要的角色。新材料的研发可以极大地推动制造业的升级和创新，如高强度、高导热性能的材料为航空航天、汽车制造等领域带来重大改进，而这些都是与国家科技战略密切相关的重点领域。材料科学的一系列突破，将使我国在制造业取得竞争优势，并为产业升级提供坚实的支持。

生命科学作为国家科技发展战略的重要支柱，扮演着促进国民健康水平提升和医疗创新的角色。第 4 章提到的 AI 制药、基因测序和编辑、合成生物学等相关领域，为个性化医疗和精准药物研发提供了新的可能性。在应对未来医疗挑战和人口老龄化方面，生命科学的创新将成为国家科技发展战略的重要组成部分。

电子科学在信息社会的构建中具有关键地位。我国的科技发展战略将电子科学视为推动数字化的重要引擎，半导体技术作为电子科学的核心，对计算机、通信、智能制造等领域产生了影响。加速推动半导体制造技术的创新，提高芯片制造的精度和效率，不仅能满足日益增长的信息处理需求，还有助于推动数字中国建设。电子科学领域的突破将使我国在数字化时代占据更有利的位置，为经济的可持续增长注入活力。

能源科学被视为保障国家可持续发展的重要领域。我国正面临能源供应安全和环境保护的双重挑战。在新能源领域，我国在太阳能、风能等可再生能源技术上取得了显著进展。发展大规模的可再生能源项目，不仅能减少对传统能源的依赖，还有助于减少碳排放、应对气候变化。此外，能源存储技术不断创新，为能源供应的稳定性提供了保障。能源科学领域的持续创新将对国家的发展战略产生深远影响，并确保国家能源安全和环境安全可持续。

环境科学作为国家可持续发展战略的一部分，直接关系到人类与自然的和谐共生。我国正面临环境污染、生态破坏等一系列问题，而环境科学的创新为解决这些问题提供了技术支持。无论是环境监测技术、环境治理技术，还是节能减排技术，都对建设绿色中国、强化生态文明建设具有重要意义。环境科学的发展将有助于实现我国的绿色发展目标。

总而言之，材料科学、生命科学、电子科学、能源科学和环境科学作为我国国家科技发展战略的重要支柱,在各自领域的地位举足轻重。人工智能驱动的科学研究突破,将直接影响国家的创新能力、产业升级、能源安全、数字化转型及可持续发展。就 AI for Science 这一全新的时代趋势而言,其意义并不局限于这五大领域,而是可以将影响力拓展到更多领域。期待在不远的将来,我们可以共同见证一个 N 柱环绕下的科技盛世。